巻 込む が ヒットを作る

プロデューサー
村瀬健

INVOLVE OTHERS TO MAKE A HIT

〝想い〟で動かす仕事術

KADOKAWA

2022年10月クール
TVerでの再生数が
民放**全ドラマ**の**中**で
歴代最高記録となった

〝社会現象〟ドラマ
『silent』

このドラマは
一人のプロデューサーの
熱い〝想い〟を込めた
企画書から始まった

人生でたった一人、
本気で愛した人が聴覚障害を患い
耳が聞こえなくなったことで、
新しい人生を踏み出していく女性

紬（つむぎ）

川口春奈

フジテレビ
2022年10月期 木10企画

一生をかけて愛する。そう誓った相手が重度の障害を持った。
そのとき、あなたは、どうしますか？
綺麗事ではなく、本音で、、、

「多様性」が当たり前に叫ばれるようになったからこそ、
それが偽りでしかないことを誰もが知っている、この時代。

だからこそ、今この時代に贈る、せつなすぎるラブストーリー。

ドラマ・映画制作部
村瀬健

大切に大切に育ててきた息子が
成人を目前にして聴覚を失い、
どうしていいかわからなくなりな
がらも、「母」として、そして
「人」として、一緒に生きてゆく
道を見出そうとする女性

律子
（りつこ）

篠原涼子

突然、自分の人生を襲ってきた病気に
よって、聴覚障害者となった自分と
素直に向き合うことができず、
恋愛感情を捨てて生きてきた青年

想（そう）

目黒 蓮

障害を乗り越え、
時に受け入れながら、
日々を紡いでいく二人と、
彼らを取り巻く人々が紡ぎ出す
ヒューマン・ラブストーリーを
リアルに、丁寧に、
描き出していきます。

■タイトル：『silent』（読み・サイレント）

■放送枠：2022年10月期 木曜10時

■脚本：生方美久（新人）
第33回フジテレビヤングシナリオ大賞『踊り場にて』

■演出：風間太樹（AOI Pro.）
『30歳まで童貞だと魔法使いになれるらしい』

『うきわ-友達以上、不倫未満-』

映画『チェリまほ THE MOVIE』『チア男子!!』

：髙野舞
『いつかこの恋を思い出してきっと泣いてしまう』
『救命病棟24時 第5シリーズ』『昼顔』

■プロデュース：村瀬健
『いつかこの恋を思い出してきっと泣いてしまう』

映画『キャラクター』『約束のネバーランド』

■主題歌：Official髭男dism

登場人物

青羽紬 あおば つむぎ(26) 川口春奈

弟と共にシングルマザーの母親に育てられた。

母親が働き詰めで、幼い頃から家事と弟の面倒を任されていた。必要なことはメモ書きが残されていたり、無言でその日の食費を渡されたり。母からの言葉に飢えていた。学校では明るく振る舞っていて、辛そうな様子を外に出すことはなかった。

想と一緒に上京したかったが、当時小学生だった弟が心配で地元の大学に進学する。卒業後も地元に残るつもりだったが、弟に後押しされ上京を決める。


同窓会で再会した高校の同級生・湊斗と交際中。

手話を勉強し上達するが、想の手話が早くて読み取れないことが多い。そのため「もう一回言って？」が手話の口癖になる。想には「もう一回言って？の手話だけ上達してる」といじられる。


湊斗と別れ、想と付き合いはじめてからは子どもが好きなこともあり結婚を意識するが、想が消極的なのでぶつかる。最終的に湊斗が後押しする。

佐倉 想 さくらそう(26)　目黒蓮

若年発症型両側性感音難聴。難病指定されている疾患で治療法はない。18歳で発症。在宅でプログラマーの仕事をしている。職を転々としたが、人とコミュニケーションをとることが苦痛に感じ今の仕事に落ち着く。

高校の卒業間際に眩暈や耳鳴りなどの症状が出始める。サッカーのスポーツ推薦で大学に進学。難聴が進行し通常のチームではプレーできなくなる。パラスポーツを勧められるが、状況が受け入れ切れず完全にサッカーをやめてしまう。徐々に進行し、24歳のときほとんど音が聞こえない状態に。


手話が早口。物事を斜めから見るような人。紬が一生懸命覚えた手話を「下手くそで伝わらない」とか言う。わざともっと早口で手話で話しかける。がんばって理解しようとする姿が可愛いから。

発語はしない。自分の話す声が聞こえない事実と向き合いたくないから。

高校生のとき紬に「声が好き」と言われたことがずっと気がかり。紬との再会を機に、前向きに社会に出るようになる。拒否していたデフサッカーを始めたり、人と関わる仕事を考えるようになる。

戸川湊斗 とがわみなと(26)　鈴鹿央士

紬と想の高校の同級生。現在の紬の恋人。

想とは高校で知り合い、同じサッカー部で入学当初から仲が良い。三年で初めて同じクラスになる。

紬に惹かれていたが三年になり二人が付き合い始めたため、想に紬への思いを話したことはない。

想には部活も勉強も敵わないため、もどかしい存在だった。再会してからも紬と付き合っていることが後ろめたい。

が、奪われる怖さもあり結婚を焦ろうとする。


紬が想のために手話を覚え、二人で会っていることを知り、「ずっと想のことが羨ましかったけど、耳聞こえなくなってまで羨ましいなんて思いたくなかった」「俺が耳聞こえなかったら、俺のために手話覚えてくれた？」「お前って可哀想なやつの世話が好きなんだよな」とかなんとか言って、紬と亀裂。

紬とは中学からの同級生。
紬の家庭環境のことも知っていて弟の光を可愛がってくれている。
かつて、光の命を救うような出来事があり、
それがきっかけで
紬と付き合うようになった。

桃野奈々 もものなな(27)　夏帆

先天性の聴覚障害。生まれつき全く耳が聞こえない。
春尾の大学の後輩。授業補助のボランティアの学生のことがいつも億劫だったが、春尾が初めてパソコンテイクについてくれたとき、タイピングする手に一目ぼれ。その手で手話がしてほしくて話しかけた。仲良くなれたのは嬉しかったが、春尾が手話を仕事にしようとすることがなんだか悲しかった。自分が教えた手話で自分とだけ話してほしかったし、自分の存在で他人の人生を振り回す感覚が怖かった。読み取りやすく丁寧な手話をするようになった春尾に「教科書みたいでつまんない手話になった」「仕事にしたいって、そんなの健常者の自己満足」と言ってしまう。

聴覚障害者向けの転職説明会で想と知り合う。春尾とのことがあってから健常者との恋愛に消極的。自分で「手話で男を口説くの得意」とか言う。障害者同士の方が幸せになれると思っている（そう思いたい）。想を通じて紬と知り合い、想がいない場で「想は病気がわかったから紬ちゃんと別れたんでしょ？健常者とは恋愛できないって思ったからだよ」と言い放つ。
何も言い返せない紬に笑顔で「想の声、聞いたことあるの羨ましい」と。想のことが本気で好きというよりも、聴覚障害の人と繋がりたい気持ちが強い。すぐ「健常者って—」と逆差別を言ってしまう。

積極的に想に気持ちを向けるが、「高校生のとき出会ってたら、好きにならなかったでしょ？健常者嫌いだもんね」と言われてしまう。

春尾と再会し、ようやく素直に当時の思いを話せるようになる。

佐倉 萌 さくらもえ(20)　桜田ひより

想の妹。実家から地元の短大に通っている。
光とは高校の同級生。お互いに兄・姉の関係を知っていたため高校時代は接点を持たないようにしていた。

姉（華）にはこき使われ、兄（想）には甘やかされた。単純なのでお兄ちゃん子に育つ。（想に嫌われたくないので）家によく遊びにきた湊斗とも仲良くしていた。自慢したくて、想がいるときはわざと女の子の友達を家に呼ぶ。想の彼女が気になる。想が紬と電話しているのをよく盗み聞きしていた。

想が最初に聞きづらいと感じたのが萌の「お兄ちゃん」だった（※想の病気は高音域から聞き取りにくくなることが多い）。ただでさえ自分が家族の中で一番想と過ごした時間が短いのに、その自分の声から聞こえなくなっていくことがショックだった。母は動揺して想のことで頭がいっぱい。姉は妊娠中で子供への遺伝を気にしている。「お兄ちゃんが心配」と思うだけの自分は能天気な存在のような気がして兄が病気になったという辛さを誰にも吐き出せなくなってしまった。

なかなか病気を受け入れられない想や家族よりも先にひっそりと手話を覚え始めた。声で話した時間が短い分を取り返すような気持ちだった。想や家族が落ち着いた今は、少し距離のできた母と想の架け橋的な位置にいる。紬のことは嫌っていたわけではないが、病気のことを知らないとはいえ湊斗と幸せに過ごしていることが気に食わないと思っている。

青羽 光 あおばひかり(20)　板垣李光人

紬の６つ下の弟。大学二年。
進学時に上京し紬のアパートに転がり込んでいる。
昔から湊斗に懐いていて、紬にも湊斗と結婚してほしいと思っている。高校卒業直後、紬が想に突然振られ落ち込んでいる姿を見ていたので、想に対して敵対心がある。

表面的には紬に甘える典型的な弟気質。
本心ではとにかく紬に苦労をかけたくないという気持ちが強い。

想が聴覚障害と知って、紬から離れさせようとする。
想が家に来ると知っていて
湊斗を家に呼んだりする。

「去年二人でこのバンドのライブ行ってたねー！」「結婚式はいつするの？」みたいな話を紬と湊斗にガンガン振る。そのうえで紬に「想くんわかんないと可哀想だから手話で通訳してあげて」とか言う。策士。

横井 真子 よこいまこ(26)　藤間爽子

紬と想の高校の同級生で、紬のよき理解者。高校卒業から10年近く経った今でも定期的に紬と会っている。

思ったことを遠慮なく口に出すさばさばした性格。
高校時代は、優れた容姿と飾らない性格ゆえに男子から大人気だった紬を常にガードしており、その気の強さから、紬とは別の意味で男子から一目置かれていた。しかしその行動も、紬が想のことを密かに好きだと知っていたから。また、湊斗の紬への気持ちにも気づいていたが、全く気付いていない様子の紬を混乱させまいと内緒にしていた。人をよく見ており、紬や想を取り巻く人間関係を誰よりも鋭く捉えているが、余計なことは言わず、さりげなく紬と想をサポートしてくれる存在。

なお、人のことはよく見ていて細やかな気遣いができる一方、自分のことになるとかなり鈍感で無頓着なところがあり、マッチングアプリでハズレを引きまくったりお酒の席で酔いつぶれたりと、自分の恋愛には迷走している。

春尾正輝はるおまさき(35)　風間俊介

紬が通う手話教室の講師。

大学時代、ボランティアで聴覚障害の学生の授業補助でパソコンテイクをしていた。特に将来の夢もなく、とにかく何か就活に役立てばという気持ちで始めた。

大学二年のある日、パソコンテイクをしていた一年の女子学生・桃野奈々が講義中にパソコンで文字を打ち込んで話しかけてきた。

話してみるととても陽気で冗談も言う可愛らしい女の子。

講義中、一つのパソコンで交互にタイピングして話をする。

時々手がぶつかって奈々は「ごめんなさい」と咄嗟に手話が出る。

春尾が初めて覚えた手話がその「ごめんなさい」。

その後奈々と親しくなり、自然に手話も覚えていく。目標も夢もなく無為に過ごしていたが、奈々と出会ったことで手話に関わる仕事をしようと思うようになる。しかし、奈々がそれを好意的に思わず、ケンカしそのまま疎遠に。


紬にどうして手話を覚えたのかと聞かれ「自己満足のため」と答える。以前、奈々と上手くいかなかった経緯から、紬に「好きな人のために手話を覚えちゃうと好きな人のこと忘れられなくなりますよ？」「手話を覚えたところで、聞こえない人の気持ちなんてわかりません。言ってることがわかるようになるだけです」と。

紬のことを、奈々のために手話を覚えた自分と重ねて辛くなる。
紬の一生懸命な姿に惹かれていたこともあり、想との恋愛に否定的な態度を見せる。
奈々と再会し戸惑うが、
想との未来を真剣に考える紬の姿に心打たれ、
奈々とも向き合うようになる。

佐倉律子さくらりつこ(48)　篠原涼子

想の母親。専業主婦。想と、その姉と妹の三人を愛情込めて育てる。自分のことよりも家族のことや子どものことをいつも優先してきた。

自由奔放でなんでも気兼ねなく話してくれる娘二人と違い、想は子どもの頃から落ち着いていて大人に気を遣う子だった。手がかからない良い子、自慢の息子である一方、本音を言ってくれないことが寂しかった。


高校卒業直後、難聴の症状を誤魔化そうとする想。すぐに気付いて、嫌な予感がして病院に連れて行った。「遺伝性の疾患」と言われ、ひどく自己嫌悪に襲われた。想のためにと病気や治療のことを必死に調べた。難聴を受け入れたくない想は拒否し続ける。サッカーの練習中、声が聞こえなかったせいでケガをしてしまった想。健常者とはもう難しいと思い、以前から調べていたデフサッカーを想に勧める。「耳が聞こえない人だけでやるから」「耳が聞こえなくても大丈夫」とつい何度も繰り返してしまう。

想は「まだ聞こえてるから。まだ聞こえる耳に“耳が聞こえない”って何度も言わないで」と泣いて訴える。それを機に干渉することをやめ、適度に距離を保つようになった。


完全に失聴してからはさらに距離を感じていたが、想がいない実家でも家族全員手話で話をしていた。紬や湊斗、奈々の支えで病気に向き合い、前向きに生き始める想を見守る。

物語（時系列）

2013年　秋
高校二年の二学期。クラスが違い、離れた校舎だったためお互いを認知していない紬と想。想が書いた作文がコンクールで入賞し、朝礼で発表することになる。周囲の生徒は興味を示さずダルそうにしている中、想が読む作文の内容とその声に惹かれる紬。想もふと顔を上げたとき、そっぽを向く生徒たちの中、一人まっすぐに自分を見て涙ぐんでいる紬の存在が気になる。「言葉」というタイトルの作文。（のちにこの作文を想が手話で読みます）

2014年　春
高校三年で初めて同じクラスになる。始業式でお互いを見てすぐ「作文読んでた子だ」「作文聞いて泣いてた子だ」と意識する。
後ろ前の席の二人。音楽の話で仲良くなる。

2014年　秋
進路の話をして卒業後は離れることを意識し出す二人。紬から告白。
軽く「好きなんだけど。付き合って」と言う紬に、想は聞こえなかった振りして「聞こえなかった。もう一回言って？」って返す。「……え、やだ」「もう一回言ってくれたら付き合ってあげる」「聞こえてんじゃん」で付き合い始める。
クリスマス？とかに偶然同じイヤホンをプレゼントして、交換する形になる。

2015年　春
高校の卒業式。紬は地元の短大へ、想は東京の大学へ進学。
「また電話するね」と言って別れた後、想と連絡が取れなくなる。
ようやくLINEの返事が来て、「別れよう。こっちで好きな人できた。」と。
電話に出てもらえず、それ以降LINEの返事も来ない。

2019年　春
高校のメンバーで同窓会。紬は参加。想は欠席。
他の同級生の誰も想が今どこで何をしてるか知らない。
高校時代、紬のことが好きだった湊斗、紬と想が付き合い続けていると思っていた。
「卒業してすぐあっさり振られたよ～」という紬にようやくアプローチできる。
この再会を機に湊斗と付き合い出す。

2022年　秋（現在）
紬、東京で保育士を続けている。湊斗と付き合って二年。同棲を考えることに。
内見のため待ち合わせ場所へ向かう。乗り換えの駅のホーム。乗ろうとした電車から想が降りてくる。声をかけるが気付いてもらえず。衝動的に追いかけるが人混みの中で見失ってしまう。電車を乗り過ごし、湊斗との待ち合わせに遅刻。
紬、湊斗に想の話をして、内見も上の空。湊斗は面白くない。

後日、どうしても想が気になり、見かけた駅前で待ち伏せ。
ワイヤレスのイヤホンを耳につけようとした時、人とぶつかり落としてしまう。
転がっていった先、拾ってくれたのが想。目が合い、お互いに気付く。
紬、嬉しくなり笑顔で駆けよるが、逃げるように去っていく想。紬は用意していた話題で懸命に話しかけるが無視。しつこくついていき、「ねぇ！」と、腕をとると、ようやく立ち止まり振り向く。紬の手を取ってイヤホンを返すと再び歩き出す。「……ちょっと」と再び腕をとると、想が手話で一気に何か話し出す。
想は耳が聞こえないと気付く紬。手話がわからず、とりあえず制止しようと想の両手を握るが振り払われる。スマホに文字を打ち込み見せようとするが無視される。一通り言いたいことを手話で言って去っていく想。ついてこようとする紬に「うるさい」と手話をする。何を言われたかわからないが、立ちすくむだけの紬。

紬、高校時代の友人にあたるが誰も想の連絡先を知らない。また待ち伏せして会えてもきっと話せない。手話で言いたいことが言えるようになってから会おう、と決める。
動画や本で勉強し始めるが、ちゃんと人に伝わるのか不安に。手話教室に通うことにする。
想にされた「うるさい」の手話を講師・春尾にどういう意味か聞く。「うるさい」だと知りショックを受ける。手話を覚えたい理由を聞かれ、「手話で話したい人がいる」と答える。

再度待ち伏せ。現れた想に手話で「話そう」と。紬が手話をしたことに驚き足を止める。紬、たどたどしい手話で、「お茶しながら話そうよ」と。
想「手話、覚えたの？」
紬「いや、こんな感じかなって適当にやってる」
想「天才じゃん」
紬「伝わってる？」
想「うん。伝わってる」
伝わらないことはスマホで文字を打ち込み、手話も交えながら話す。
高校の思い出話をした流れで、今は湊斗と付き合っていると伝える。
湊斗に申し訳なくなり、帰ろうとする想。紬、慌てて連絡先を交換しようとするが、
想「もう電話できないんだよ」と……。

障害者と健常者の恋愛を描いた作品で時々目にする「君と出会えたから障害も悪くない」的な表現を、この作品ではしたくないと思っています。

紬と想は、健常者同士で出会って、自然に惹かれて恋をしてた。想は「耳が聞こえなくなって、代わりに得たものなんて何もない。ただ耳が聞こえなくなった、その事実でしかない」と言って、少し紬は気が滅入るけど、
想「高校生のときみたいに、耳が聞こえてても紬と出会って好きになってたし。こうして聞こえなくなっても、また紬と再会して、好きになった。耳が聞こえるかどうかは、俺一人の人生の一つの出来事でしかなくて、紬と出会うことにも、好きになることにも、なんの関係もない。どっちの人生でも紬のことが好きになってたよ」
って、ことを、言わせたいと思っています。紬も「どっちの想も好きになったよ」って、言います。

結婚を躊躇う想に、紬が「独り言だから気にしないで」と言いつつ、ちゃんと手話で、

「いつか自分の子どもができたら、言葉は最初に『パパ』と『ママ』を覚えさせるの。手話では最初に『パパ』。声では最初に『ママ』を教えるの。そうすれば、どっちを先に覚えたかって、旦那さんとケンカしないで済むから」

「外で思いっきり遊びなさい、って言うの。好きなスポーツ、好きなだけやらせるの。でも、手だけは怪我しちゃダメって、私口酸っぱく言うよ。子どもの耳にタコできるくらい言うの。骨折するなら足にしなさいって。手は大事にしなさい。パパとおしゃべりできなくなるからねって。あ、でもサッカーしたがるかもね。そしたら足骨折するの困っちゃうね」

「お遊戯会も、合唱コンクールも、スピーチコンテストも、全部手でもしゃべりなさいって教える。言葉は声だけじゃないんだよ、って教えるの。それでね、小学校高学年くらいかな、ちゃんとわかる歳になったら、好きな人が昔書いた『言葉』って作文読ませるんだ。言葉を大事にする大人になってほしいから。どんな教科書より、ベストセラーの小説より、ずっと読んだほうがいい文章だから」

とか、語るシーンを作りたいと思っています。

そして、物語のラスト、二人には結婚して幸せになってほしいと思っています。


完全オリジナル企画ですので、これから細部はもっともっと詰めていきます。オリジナルだからこそ、より面白くなる方へ、より泣ける方へ、といくらでも直して行けます。10月クールのラブストーリーは最終回でクリスマスを使えます。二人が文字通りの「silent night ＝ 聖なる静寂の夜」を迎えるラストシーンは、100％日本中の女性の涙を誘う自信と確信があります。『silent』どうかよろしくお願いいたします。

※本企画書は『silent』の企画スタート時に、村瀬プロデューサーが社内で提出したものです。
実際に完成した『silent』の内容とは異なる箇所がございます。

一人の〝**想い**〟が
多くの人を**巻き込み**
この企画書は
伝説のドラマに――

silent

『silent』だけじゃない！ 村瀬P主要作品リスト

©フジテレビジョン

©フジテレビジョン

14才の母 (日本テレビ系)ドラマ ～愛するために 生まれてきた～

2006

出演 志田未来、田中美佐子、生瀬勝久、山口紗弥加、河本準一(次長課長)、三浦春馬、谷村美月、北乃きい、高畑淳子、海東健、金子さやか、井坂俊哉、北村一輝、室井滋 ほか **スタッフ** 脚本:井上由美子/演出:佐藤東弥、佐久間紀佳、山下学美/プロデュース:村瀬健、浅井千瑞/音楽:沢田完、髙見優/主題歌:Mr.Children『しるし』(TOY'S FACTORY)

14歳の出産を描いて各賞を受賞

14歳で妊娠した女子中学生・未希の物語。両親、兄妹、友人、学校など周囲からの猛反対を受けながらも、未希は困難を乗り越えて出産することを決意する。「産むか産まないか」で揺れ動く葛藤と、未希の決意によって変化していく周囲との関係を丁寧に描写。ギャラクシー賞、日本民間放送連盟最優秀賞を受賞。

バンビ～ノ！ (日本テレビ系)ドラマ

2007

出演 松本潤、北村一輝、香里奈、佐藤隆太、ほっしゃん。、向井理、小松彩夏、佐々木崇雄、佐藤佑介、麻生幸佑、内田有紀、山本圭、吹石一恵、佐々木蔵之介、市村正親 ほか **スタッフ** 原作:せきやてつじ/脚本:岡田惠和/演出:大谷太郎、佐久間紀佳/プロデュース:加藤正俊、村瀬健、浅井千瑞(MMJ)/音楽:菅野祐悟/主題歌:嵐『We can make it!』(ジェイ・ストーム)

"飯テロ"の料理シーンも話題に

せきやてつじの原作コミックをドラマ化。プライドの高い生意気な主人公が、料理人の世界で這い上がっていく。店の支配人、オーナーシェフ、フロアを仕切る給仕長など上司や先輩にあたる人々と時に衝突し、主人公は挫折を味わう。そんな人間ドラマとともに、劇中に登場するイタリア料理の映像も注目を集めた。

太陽と海の教室 (フジテレビ系)ドラマ

2008

出演 織田裕二、北川景子、岡田将生、北乃きい、濱田岳、吉高由里子、冨浦智嗣、鍵本輝、谷村美月、山本裕典、八嶋智人、戸田恵子、小日向文世 ほか **スタッフ** 脚本:坂元裕二/演出:若松節朗、谷村政樹/プロデュース:村瀬健/音楽:服部隆之/主題歌:UZ『君の瞳に恋してる』(UNIVERSAL SIGMA)

織田裕二が熱血教師役で全力投球

フジテレビの月9枠では17年ぶりに制作された学園ドラマ。真っ直ぐで熱い教師が高校3年生の生徒たちと真正面から向き合っていく。湘南エリアの美しいロケーションを舞台に、青春をコミカルかつハートフルな味付けで描いた。当時はまだブレイク前だった岡田将生、北乃きい、濱田岳、吉高由里子、賀来賢人、前田敦子らが生徒役で出演。

BOSS (フジテレビ系)ドラマ

2009

出演 天海祐希、竹野内豊、戸田恵梨香、溝端淳平、吉瀬美智子、ケンドーコバヤシ、温水洋一、玉山鉄二 ほか **スタッフ** 脚本:林宏司/演出:光野道夫/プロデュース:村瀬健、三竿玲子/音楽:澤野弘之、和田貴史、林ゆうき/主題歌:Superfly『My Best Of My Life』(ワーナーミュージック・ジャパン)

極上のエンターテインメント！

警視庁・特別犯罪対策室の女性ボスが、個性的かつ破天荒な部下たちをまとめあげ、難事件を解決に導くエンターテインメント作品。切れ者のボスを演じる天海祐希のスタイリッシュな魅力を最大限に引き出しつつ、二転三転するストーリー展開やウィットに富んだ小気味よいテンポの会話も光る作品に仕上がっている。

©フジテレビジョン

©フジテレビジョン

2014

信長協奏曲 (フジテレビ系) ドラマ・映画

出演 小栗旬、柴咲コウ、向井理、藤ヶ谷太輔(Kis-My-Ft2)、夏帆、藤木直人、濱田岳、髙嶋政宏、山田孝之 ほか **スタッフ** 原作:石井あゆみ/脚本:西田征史、岡田道尚、宇山佳佑、徳永友一/演出:松山博昭、金井紘、林徹、品田俊介/プロデュース:村瀬健、羽鳥健一/音楽:☆Taku Takahashi(m-flo / Tachytelic inc. / block.fm)/主題歌:Mr.Children『足音～Be Strong』(TOY'S FACTORY)

映画版を含めて大ヒット!

フジテレビ開局55周年プロジェクトとして制作された作品で、月9としては初の時代劇。石井あゆみの人気コミックを原作として、タイムスリップした現代の高校生が織田信長となって戦国時代を生き抜く様を描く。2016年には同一キャストによる映画版が公開され、その年の興行収入第2位となる大ヒットを記録。

2016

いつかこの恋を思い出してきっと泣いてしまう (フジテレビ系) ドラマ

出演 有村架純、高良健吾、高畑充希、西島隆弘、森川葵、坂口健太郎、浦井健治、福士誠治、森岡龍、永野芽郁、桜井ユキ、我善導、林田岬優、安田顕、大谷直子、田中泯、柄本明、高橋一生、松田美由紀、小日向文世、八千草薫 ほか **スタッフ** 脚本:坂元裕二/演出:並木道子、石井祐介、髙野舞/プロデュース:村瀬健/音楽:得田真裕/主題歌:手嶌葵『明日への手紙』(ビクターエンタテインメント)

坂元裕二脚本で描く切ない恋

切なさと温もりを感じさせる描写で、地方から上京した若者の恋愛を描いたラブストーリー。登場人物たちの何気ない会話で彼らの人間味と関係性を表現する坂元裕二の脚本が、目映い光を放っている。主演は有村架純と高良健吾で、二人が出会うきっかけとなるエピソードにはプロデューサー・村瀬健の実体験も織り込まれた。

2021

キャラクター (東宝) 映画

出演 菅田将暉、Fukase(SEKAI NO OWARI)、高畑充希、中村獅童、小栗旬 ほか **スタッフ** 原案:長崎尚志/監督:永井聡/脚本:長崎尚志、川原杏奈、永井聡/企画:川村元気/プロデュース:村瀬健/音楽:小島裕規“Yaffle”/主題歌:ACAね(ずっと真夜中でいいのに。) × Rin音 Prod by Yaffle『Character』(UNIVERSAL MUSIC)

Fukaseの俳優デビュー作!

長崎尚志がオリジナル脚本を書き下ろしたダークエンターテインメント。殺人事件を目撃した売れない漫画家が、犯人の顔をモデルにサスペンス漫画を執筆したところ大ヒット。その直後、漫画を参考にしたような事件が次々と発生する。殺人鬼役でFukase(SEKAI NO OWARI)が俳優デビュー。

2023

いちばんすきな花 (フジテレビ系) ドラマ

出演 多部未華子、松下洸平、今田美桜、神尾楓珠、齋藤飛鳥、仲野太賀 ほか **スタッフ** 脚本:生方美久/演出:髙野舞/プロデュース:村瀬健/音楽:得田真裕/主題歌:藤井風『花』(HEHN RECORDS/UNIVERSAL SIGMA)

4人が織り成す友情と愛情の物語

男女の友情と恋愛をテーマに、男女4人の心の揺れを優しい手触りの描写で紡いでいく。ドラマ界では異例の“クアトロ主演”を務めるのは、多部未華子、松下洸平、今田美桜、神尾楓珠の4人。『silent』でゴールデンの連続ドラマデビューを果たした生方美久の脚本で、4人の間に生まれる感情を丁寧に描き出す。

村瀬Pを突き動かす〝想い〟

〝想い〟を原動力に

考え、

動き、

働き、

「好き」を伝えてきた。

そうして**人を巻き込み**
観る者の**心を揺さぶる**映像を作り上げた
村瀬Pの**禁断の仕事術**を
本書で初公開

はじめに

プロデューサーはすべての事柄の「責任者」

僕の仕事上の肩書きはプロデューサーです。「プロデューサーという言葉はよく耳にするけど、どんな仕事をしているのかよく分からない」という人も多いのではないでしょうか。

プロデューサーとは、ひと言で言うなら「責任者」です。映像作品や音楽作品などの制作にあたって予算調達、スケジュール管理、スタッフの人事、そのほか様々な事柄を含めてすべてを統括する責任者のことをプロデューサーと呼んでいます。

業種ごとに、音楽プロデューサーや宣伝プロデューサーなどがいますが、僕はテレビ局でドラマ・映画のプロデューサーという仕事をしてきました。具体的には、1997年に日本テレビに入社し、2002年に初めてドラマのプロデューサーになります。その後、2008年にフジテレビに転職してきてドラマのプロデューサー、2016年から2021年までは映画のプロデューサーを務め、2022年に再び、ドラマのプロデューサーに戻りました。25年間、テレビ局の社員として、ドラマや映画を作り続けてきた「サラリーマンクリエイター」である僕にしか語れないことがあると思い、この本を執筆しています。

ドラマ・映画のプロデューサーの仕事は、企画を立てて、脚本家と一緒にプロットや脚本を考えて、キャスティングをして、監督を選んで、主題歌を決めて、という流れで進んでいきます。さらに、監督がやる撮影とか編集とかBGMをつけるとか、そういう作業に関して意見を言うのも重要な業務の一つです。予算だけでなく、クオリティにおける責任者でもあります。

ドラマ作りはチームプレー

僕のプロデューサーとしての特徴は、「作品のすべてに関わり、そのすべてに口を出しまくる」ことだと思います。企画立ち上げから、制作過程はもちろん、宣伝の仕方に至るまで、そのすべてに関わる、どころか自分でやりたがります。これは僕の特徴というか、僕が特殊なプロデューサーと言われる所以かもしれません。というのも、ドラマや映画を作る作業は、基本的には分業制で、僕のように「すべての工程に濃密に関わる」というやり方をするプロデューサーは珍しいからです。

もちろん、「すべてに関わる」と言っても、ドラマ作りのすべてを僕自身の手でやっているわけではありません。ドラマの最後に流れるスタッフロールを見てもらえば分かる通り、俳優、撮影、音楽、美術、広報、といったそれぞれの道にはそれぞれのプロフェッショナルたちがいます。そして、ドラマ作りはチームプレーです。そういう心強いプロフェッショナルたちをいかに味方につけるか。いかに強力なチームを作り上げるか。それが、プロデューサーである僕の仕事です。

一人では何もできない

僕が常々考えているキーワードの一つに「一人では何もできない」という言葉があります。これは先ほど触れた「ドラマ作りはチームプレー」の裏返しとも言えます。

僕は今まで数多くの脚本家と仕事をしてきました。みんな、とてつもなく才能のある書き手たちで、その中には天才としか呼びようのない人もいます。そういう脚本家が小説を書いたら素晴らしい作品になるだろうし、彼らが小説を書く時には一人きりでも作品を生み出すことができるのだろう、と思っています。

そういう脚本家であっても、僕は脚本作りを任せきりにせず、プロデューサーとして深く関わっていきます。なぜか。それは「ドラマ作りはチームプレー」であり「一人では何もできない」からです。

ドラマは、脚本ができたらそれで終わりというものではありません。その脚本をベースに、監督が演出をして、役者が演じるのがドラマというものです。演出や演技だけでなく、劇伴（劇中挿入歌）や主題歌などの音楽や、照明、技術、美術といったプロフェッショナルたちの手も作品の完成までに加わっていきます。

つまり、天才脚本家の脚本であっても、完成するドラマは脚本家の純度１００％の作品にはならないのです。ドラマや映画は総合芸術です。一人ではできないものをみんなで作る。それがドラマや映画の最大の特徴であり醍醐味だと思います。

〝想い〟を共有する仲間との船出

僕がドラマの企画を立てる時、最初の出発点となるのは僕自身の「こういう作品を作りたい」という〝想い〟です。

その〝想い〟を共有してくれる仲間を見つけるためなら、僕は労力を惜しむつもりはありません。「一人では何もできない」からこそ、一緒に戦ってくれる仲間を見つけたい。書き上げた企画書を手にしてあちこちに顔を出し、才能にあふれるプロフェッショナルたちを集めて、自分の企画という船に乗ってもらう。船が出航して目的地に着くまで、つまりドラマの企画がスタートして最終回を迎えるその瞬間まで、僕はすべてに全力で向き合っています。

幸せなことに、僕の〝想い〟を共有して同じ船に乗ってくれる仲間がたくさんいます。これは僕の人徳でも何でもありません。ただひたすら人に恵まれているのです。とにかく僕は仲間に恵まれています。そして、その仲間たちのおかげで、人々の心に残る作品をプロデュースする幸せに恵まれたと思っています。

僕がプロデューサーとして大切にしているのは〝想い〟を共有してくれる仲間を見つけて、彼らを巻き込んでゴールまで全力で突っ走る、ということです。こういう仕事への向き合い方は、もしかしたらどんな業種でも大事なことかもしれない。プロデューサー以外の仕事にも役立つかもしれない。なんとなくそんなことを考えている時に、KADOKAWAの若き編集者さんから「本を書いてみませんか」というお誘いをいただきました。本…？ 書籍…？？ 映像と音楽で勝負してきた自分にとって、本を書くというのはあまりにも未知な世界です。そもそも、そんなこと僕にできるのだろうか？ という不安しかありませんでした。ですが、考えた末に書かせていただくことにしました。僕はこれまでと同じように〝想い〟を伝えることにしたのです。この本で僕が日々感じている〝想い〟を読者の人たちに伝え、彼らを巻き込んでみよう。そうすれば、読んでくれた人たちの仕事にも少しくらいは役に立つ場面があるのでは。そんな気持ちで、あなたに語りかけるべく、会話をすべく、本を書くことを決めました。

僕は〝想い〟の力で人々を巻き込んでいきたい。その〝想い〟を共有する仲間たちと船を出し、励まし合い、荒波を乗り越え、喜びを分かち合いたい。その喜びは僕の原動力となり、仲間たちの原動力となるはずだから。

これまで僕が作ってきたドラマと同様、この一冊の本も新たに船出の時を迎えようとしています。手に取ってページをめくるあなたを、僕は仲間として巻き込んでいくつもりです。もちろん、全力で。

フジテレビ・プロデューサー　村瀬健

デザイン　西垂水敦・内田裕乃（krran）
編集協力　山岸南美
取材協力　玉井宏晶・佐々木萌・大野公紀
（株式会社フジテレビジョン ドラマ映画制作部）
製作協力　田宮昭子（KADOKAWA）
撮影　赤石仁（対談写真）
DTP　山本秀一・山本深雪（G-clef）
校正　麦秋アートセンター
写真提供　まちゃー／PIXTA
編集　熊倉由貴（KADOKAWA）
協力　株式会社フジテレビジョン

第2章

人を巻き込むために 手を動かす 企画書の作成術

第3章

汗をかく 企画を推進させる決断力&行動力の磨き方

人を巻き込むために

第4章

人を巻き込むために 言葉にこだわる 相手を夢中にさせる話術

第1章

人を巻き込むために

頭を動かす

企画の発想術

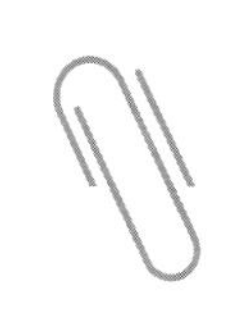

企画の種は「探す」ものではなく「気づく」もの

日常生活の中で感じる、ふとした疑問を大切に

ドラマのプロデューサーである僕の仕事は、企画を立てるところからスタートします。この部分がいわゆる**「ゼロイチ」**、**ゼロから1を生み出す工程**です。

もちろん、新しい企画をポンポンと思いつくわけではないし、最初から100％の完成形で頭に浮かんでくることもありません。何もない、まったくのゼロの時点では、**まずきっかけというか種というか、そういうものを探しています。**

いや、「探す」ではないですね。実は探してはいません。見つけようとはしていますが、探してはいないんです。よく「いつもアンテナを張ってドラマになりそうなネタを探しているんですか？」という質問をされるのですが、そうではないんです。**「意図的に探して見つけるようなものは本気で見つけようとしているものではない」**と思っています。

では、どうやってきっかけを摑むのか。それは**「気づく」**ことです。僕自身が日々の暮らしの中で気づいたり感じたりしたこと、「あれ？」と疑問に思ったこと、それがゼロから企画を生み出す時のきっかけになります。本を読んだりニュースを見たり誰かと雑談したり、そういう日常生活の中で「ん？」と思うことってありますよね。**「これっておかしいんじゃない？」「これってみんなはどう思ってるんだろう？」「これって正解あるのかな」**と、ふと感じる。そんな些細な感覚に注意を向けています。

「あれ？」という疑問について頭を動かす

僕が気づいたことは他の誰かも気づいているだろうし、僕以外の人も疑問に思ったり不安を感じたりしているはずで、そういう**ふとした疑問や不安、あるいは喜びこそがドラマのテーマになり得るもの**だろう、という感覚が僕の中には確実にあります。硬い言葉で言うと「社会に対する問題意識」みたいなものかもしれませんが、僕が感じているのはもっと個人的な〝想い〟です。そういう疑問に対して自分がどう感じているか。僕自身の中で浮かび上がってきたその**〝想い〟を企画の入り口にするというのが、僕のやり方です。**

自分の中で「あれ?」と感じた事柄があった時には、頭を動かしてしっかりと考える時間を大切にしています。僕の場合は、お風呂の中の数十分と、ベッドに入ってから眠りにつくまでの数分に、その日にあった出来事を思い出しながら考えを深めています。僕が「あれ?」と思ったのはなぜなのか。この疑問や違和感をほかの人も感じているのだろうか。僕の場合はドラマや映画を作る仕事なので、**自分が感じたそうした疑問をドラマにするならどんなストーリーになるだろうか、そしてそのドラマにはどんなキャラクターが出てくるだろうか**、などと作品のイメージを具体的に膨らませながら、あれやこれやと考えていきます。

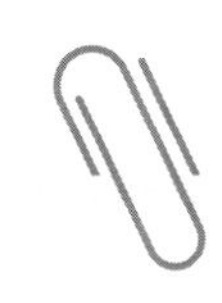

企画の種を膨らませる

「これ、どうかな」「いや、ないな」を繰り返す

企画の種を頭の中で膨らませる段階では、**様々な試行錯誤を繰り返します。**「この方向なら膨らんでいきそう」と思ったのに、途中で「あ、ちょっと違うな」となることもたくさんあります。

身近なテーマがドラマになるという例を挙げるつもりで、「花粉症」をテーマにしたドラマの企画を考えてみます。僕の中で最初に思い浮かぶのは「花粉症大嫌い」という素直な感想です。僕、花粉症がひどいんです。花粉症の人はみんな花粉症、嫌いですよね。この世の大半の人は花粉症が嫌いなんじゃないでしょうか。でも、これだけではドラマになりそうもない。もう少し具体的に、ストーリーや設定についても考えてみます。花粉症が嫌いで、この世から花粉をなくしたいと思っている男の子がいるとする。その男の子が出会った女の子が花粉マニアで、花粉が好きで好きでしょうがない女の子で。彼がその子を好きになって花粉を好きにならなきゃいけなくなる話とか。うーん、このドラマはたぶんあんまり面白くならなそうですよね。これはドラマにはならないな、と。こんなことを、自分の頭の中でよく考えています。

こんなふうに**「これ、どうかな」「いや、ないな」**を何度も繰り返す。「ないな」と思って記憶から消し去った企画は2億個くらいあるかもしれません(笑)。

花粉症のドラマについてもっと考え続けていると、こんなアイデアも出てきます。「花粉症が大嫌いで、花粉症で苦労している女の子を救うために、花粉症をこの世からなくす薬を作ろうと思って医者になった男の話」とか。さっきのアイデアよりも、少しだけドラマになりそうな気がするけど、それでも企画書止まりかな。そんなことを日々考え続けています。

そうやって頭を動かしているうちに**「あ、これはイケる」**という手応えのようなものを感じると、さらに企画を練り上げて、企画がドラマになっていきます。その実例を僕のプロデュース作品の中からいくつか紹介してみましょう。

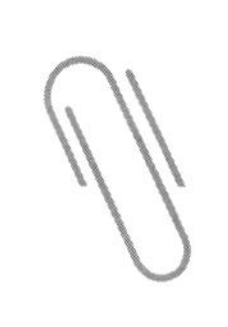

「命って何？」を考え抜いて社会現象化
『14才の母　～愛するために　生まれてきた～』

放送から15年以上経った今でも人々の記憶に残る作品

『14才の母　～愛するために　生まれてきた～』（２００６年・日本テレビ系）は僕の代表作の一つとなっています。このドラマでプロデューサー・村瀬健を色んな人に認めてもらえるようになったし、今もプロデューサーを続けていられるのはこのドラマのおかげだと思っています。「日本民間放送連盟賞（最優秀）」や「芸術選奨文部科学大臣賞（放送部門）」といった名誉ある賞も多数いただきました。文字通り、**僕の人生を変えてくれ**

生の恩人です。

た作品です。このドラマをご一緒した脚本家・井上由美子さんは、僕のプロデューサー人

ドラマの主人公は妊娠した女子中学生。産むべきか、それとも堕胎するべきか。井上由美子さんが、志田未来さん演じる14歳の女の子と彼女をとりまく人々の葛藤を丁寧にすくい上げ、妊娠、そして出産の先まで続く**「家族の物語」**を描いています。

物語の軸となるのは14歳の少女が「私がお母さんになれるのだろうか」と悩み抜く姿ですが、このドラマにはさらに盛り込んでいるポイントが3つあります。

第1のポイントは、**主人公の母親の心情**です。田中美佐子さんが演じた母親は、娘が中学生で妊娠したことを知って最初は出産に猛反対します。しかし、出産に向けて決意を固めた娘を目の当たりにして、この先に何があっても我が子を支えようと「母になる娘の母」として覚悟を決めることになります。

2つ目は、**交際相手で子どもの父親となる中学生の男の子と、主人公との関係性。**

相手役の男の子を演じたのは三浦春馬さんです。付き合っていた彼女の妊娠を知って動揺し、逃げ回り、父親になる自覚を持てずにいた男の子が、やがて新しい家族というものと向き合うようになっていきます。中学生同士の2人の関係は、妊娠という重いテーマの中にあってもピュアなラブストーリーとして光を放っています。

そして**3つ目は学校という存在**。学校側は「妊娠も出産もあり得ない」という体面ばかりを気にした対応で、主人公の心の拠り所になろうとしません。マスコミや世間に晒されないようにするのはそんなに大事なことなのか。生まれてくる命よりも、子どもの未来よりも、体面が大事なのか。そんな疑問を、主人公や登場人物たちは抱くようになります。

妊娠した女の子の目線、母親の目線、父親となる彼氏の目線、学校の目線。こうした多面的な描写が、様々な立場の人たちに刺さったのだと思います。『14才の母 ～愛するために 生まれてきた～』は、社会現象と呼ばれるほどのムーブメントになりました。当時はまだSNSが普及していなかったので、視聴者からの反響は大量の手紙という形で僕の手元に届きました。封筒の中にあったのは「初めて家族とセックスの話をしました」「避妊について真面目に考えてみます」というようなメッセージでした。また、放送から15年以上経った今でも、役者さんや仕事で関わった方々から「あのドラマ、観てました」と言われる作品です。

実際に起きた2つの事件に対する〝想い〟

このドラマの企画がスタートする前から、脚本家の井上由美子さんとは**「命って何だろう」**というテーマについて話し合っていました。井上さんとは、野坂昭如さん原作の『火垂るの墓』の実写版ドラマを一緒に作らせていただきました。この『終戦六十年スペシャルドラマ・火垂るの墓』（2005年・日本テレビ系）は「日本放送文化大賞準グランプリ」や「文化庁芸術祭放送個人賞（脚本・井上由美子）」「橋田賞」など多くの賞を受賞しました。僕自身、プロデューサーとして多くのことを井上さんから学ばせていただいたと思っていたので、**「次は連続ドラマをご一緒させてください！」**と井上さんにお願いし、一緒に企画を考え始めました。色々な話をする中で、僕の中に浮かんできたのが**「命って何だろう」**という疑問でした。

2006年10月クールに放送された『14才の母～愛するために生まれてきた～』の第1回放送から遡ること数ヶ月、同年の4月から5月にかけて、2つの大きな事件が起きています。**この2つの事件に対する〝想い〟が、命にまつわるテーマを深く考えるきっかけになりました。**

一つは、秋田県で**小学生の女の子と近所の男の子の遺体が見つかる**という痛ましい事件。容疑者として逮捕されたのは女の子のお母さんです。自分の娘を橋から突き落として殺し、翌月には娘の友だちの男の子を首を絞めて殺した、という事件でした。

もう一つは、**神奈川県の海辺に建つアパートの一室から、生まれたばかりの赤ちゃんを含む5人の遺体が見つかった事件。**これも母親が自分の子どもを、しかも生まれて間もない赤ちゃんをそのまま放置して死なせた、という悲痛極まりないものです。

どちらの事件も、逮捕された母親が供述で**「自分の産んだ命を自分で殺して何が悪いのか」**という趣旨の発言をしていた、と当時のニュースで報道されていました。その報道を目にした時、僕の中には何とも言えない気持ちが広がっていきました。**「自分の産んだ命を自分で殺して何が悪いのか」**という言葉に、甚だしく、激しく、憤りを感じたのは当然です。でも、そうやって憤慨する一方で**「命って誰のものなのか」**という疑問も浮かんできたのです。命はその人のもの。それは当たり前です。でも、じゃあ、まだ生まれていない、母親のお腹の中にある命は誰のものなんだろう。その子のものなのか、お母さんのものなのか。もしかしたら、お父さんのものなのかもしれないし、誰のものでもないのかもしれない。

「お腹の中の命って誰のものなんだろう」という疑問を考え続けていると、次第に「生まれて数ヶ月経って、親がいないと生きられない状態の命は、まだ親のものなんだろうか」「だとしたら何歳から自分の命は自分のものになるのだろうか」と疑問が膨らみ、さらに**「命って誰のものなんだろう」「命って何だろう」**という、より大きな問題意識へと繋がっていきました。そんなことを、ずっと考えていたのです。

連続ドラマの企画について井上由美子さんと話している時にも、そんな話をよくしていました。井上さんは、僕なんか比べものにならない深いところで命について考えている方ですので、そうした**「二人だけの企画会議」**という名の雑談の中でたくさんのことを学ばせていただきました。そして、ある時、井上さんから「中学生が妊娠する物語はどう?」と言われました。「命って何だろう」というテーマを描けるのでは、と。ここから、『14才の母～愛するために 生まれてきた～』の企画がスタートすることになります。

日々のニュースや世の中の出来事を見て感じた僕自身の「あれ?」という疑問をベースにあれこれ話し合い、それをテーマに据えつつ、脚本家さんがストーリーや設定を作り上げていく。後に繋がる僕のドラマ作りの王道パターンが生まれた瞬間でもあります。『14才の母～愛するために 生まれてきた～』はこうして世に送り出されました。もしも、井上由美子さんと出会っていなかったら、僕はプロデューサーという仕事を続けられていなかったかもしれません。それくらい多くのことを学びました。一番の恩人であり、師匠でもあります。

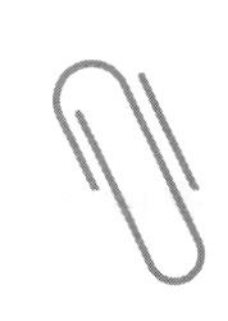

世間と自分の「あれ？」がシンクロ

『バンビ～ノ！』

そもそも「働く」ってどういうこと？

僕がまだフジテレビに移る前、日本テレビで『14才の母』を手がけた直後に、**「ニート」**という言葉が世間で流行り始めました。会社からは「来年のこの時期に新ドラマを」と声がかかっていて、僕自身も次回作を色々と模索している時期でした。ニートについてあれこれと考えを膨らませ、そうやって完成した企画が『**バンビ～ノ！**』（2007年・日本テレビ系）です。

そもそも日本では長らく、就職して会社に入るのが当たり前という時代が続いていました。その当たり前の価値観を覆したのはバブル期前後に出現した**「フリーター」**という存在だったのではないでしょうか。就職なんてしなくてもいい、アルバイトのまま生きていく道もある、などフリーターに賛成する風潮が強まるにつれて、大学を卒業しても就職しない人、アルバイトのようにコロコロと転職する人が増えていったように思います。おそらく、年功序列、終身雇用、学歴重視、といった**〝当たり前の働き方〟に対する疑問や反発**が、フリーターという新しい働き方に繋がっていったのでしょう。実際、僕の周りでも「バイトでいいじゃん」と言い切る若者を見かけたことがあるし、日本テレビを辞めて転職していった人たちもたくさんいました。

ニートという言葉について僕が考えるようになった２００６年から２００７年にかけての時期、**世間の人々も「働く」ということについて色々と考えていた**のだと思います。僕のように楽しく働いているサラリーマンがいる一方で、仕事がつまらないと言って会社を辞めていく同僚もいる。僕たちは楽しさややり甲斐のために働いているのだろうか。それとも、お金のために働いているのだろうか。そもそも、**働くってどういうことなのか。**

〝降ってくる〟かのような原作との出会い

そんな疑問が頭の中で浮かんでは消えを繰り返していた時、たまたま会社の上司から渡されたのが、せきやてつじさんの『バンビ～ノ！』というコミックでした。これがドラマ『バンビ～ノ！』の原作になります。主人公はお調子者の料理人の男の子。自信満々で福岡から上京したものの、東京の名店では自分の料理が通用せず、それでもイチから修業をやり直してどん底から這い上がる、というストーリーです。言わば、**「青春スポ根料理人コミック」**と呼べるような内容でした。この原作を読んで、僕の中で**「働くって何？」**をドラマとしてどうやって描くか、はっきりと見えるようになっていきました。ドラマでは岡田惠和さんの脚本で、松本潤さんが主人公を演じています。爽快なサクセスストーリーが中心だった原作に、岡田さんの持ち味である「青春の悩み」要素を加え、**主人公が挫折し、悩み苦しみながら成長していき、なんのために働くのかを考えるドラマ**に仕上がりました。

この企画の経緯を振り返ると、「働くって何？」と考えている時に『バンビ～ノ！』のコミックを手渡されたことがミラクルでした。本当にタイミングが良かった。間違っても、上司に「僕、いま『働くって何？』って考えてるんです」なんて言ってたわけじゃないですから。この頃の僕はまだ若手でしたから、そんなことを上司に言っていたら「こいつ悩んでるのか？」と心配されていたことでしょう。これはただの偶然と言えば偶然でしかない。でも、**出会えたこと自体は必然とも言えると思います。**なぜなら、普段から色んなことを考えているからこそ、何かに触れた時に「これ使える！」と思えるからです。**常日頃からしっかりと考えていれば、出会いは〝降ってくる〟のだと確信しています。**

そして、この時の僕が感じていた「働く」ということに対する感覚は、世間の人々の感覚とずれていなかった、という実感も強く持っています。僕の「あれ？」という疑問は、世の中の人々の「あれ？」とシンクロしていたし、せきやてつじさんの原作コミックも同じような感覚を捉えていたからこそ大ヒット漫画になったのだと思います。**世の中の人々が感じる疑問や不安や喜びを、世間と同じ感覚、同じ目線で気づけるかどうか。この点はこれからも大切にしていくつもりです。**

自分目線の問題意識をドラマに『BOSS』

「このままだと海外ドラマにやられる！」

世間と同じ感覚、同じ目線を大切にしたい。それはいつでも変わらない僕の本心ですが、**自分目線の問題意識から企画が生まれる**こともあります。その一例が『**BOSS**』（2009年・フジテレビ系）です。

『BOSS』の企画を考え始めた時期、**海外ドラマがすでに日本を席巻していました。**フジテレビが『24－TWENTY FOUR－』の放送を日本で始めたのが2004年。

2000年代後半には『LOST』『プリズン・ブレイク』『セックス・アンド・ザ・シティ』『デスパレートな妻たち』といった有名な作品が出揃っていて、TSUTAYAに行くとレンタルDVDの棚は海外ドラマで埋め尽くされていました。

誰もが海外ドラマに夢中になっていた時代でした。確かに海外ドラマは面白かったし「目が離せなくて徹夜で見てしまう」とみんなが言っていました。それが悔しかった。

僕は**「このままだと海外ドラマにやられる。面白いものを作らないと、俺たち日本ドラマがやばい」**という問題意識に駆られて、海外ドラマと同じように「面白くて目が離せない」と言ってもらえるような企画を練ることにしました。とにかく観た人に「面白い！」と言わせるドラマを作る。そのことに全力になって、**誰が出てどんなことをしたら面白くなるか、どんな内容だったら面白くなるか、それだけを考えていました。**その頃話題になっていたアメリカのドラマを片っ端から見たんです。そしたら、どんなジャンルであっても、**とにかくキャラクターが圧倒的に強くて面白い。**脇役に至るまで、みんながみんな強烈な個性を持っていて、悪役であってもひたすら魅力的に描かれている。そして、1時間の中にうねりがあるというか、展開が早いし面白いしで、グイグイ引き込まれていくうちに、気がついたら1シーズン一気見してしまっている。これは、本気で勝負しないと海外ドラマにやられてしまう……と思いました。でも、一方で、日本には日本のドラマの伝統や良さがある。例えば、刑事ドラマ。**日本の刑事ドラマは、「人情」という技を使って、多くのシリーズが長きに渡ってたくさんの人を楽しませている。**その両方をうまく生かせば、面白いものができるんじゃないかと考えました。それで、当時『離婚弁護士』『医龍』『コード・ブルー』と、書くもの書くものシリーズ化されていた脚本家の林宏司さんをお迎えして一緒に考えたのが、**エンターテインメント路線の刑事もの。**そうして生まれたのが、天海祐希さん主演の刑事ドラマ『BOSS』です。天海さん演じる女ボス・大澤絵里子はもちろん、竹野内豊さんが初めて三枚目を演じた野立信次郎参事官補佐、戸田恵梨香さん演じる木元真実など、**強烈な個性を放つキャラクターたちが縦横無尽に動き回る、新しいタイプの刑事ドラマ**が生まれました。

いつもの「問題意識」のようなものではなく、**「海外ドラマに負けていられない」という個人的な〝想い〟に全振りする**という、僕の仕事の中では珍しいパターンですが、それゆえに今でも強く印象に残っている企画です。

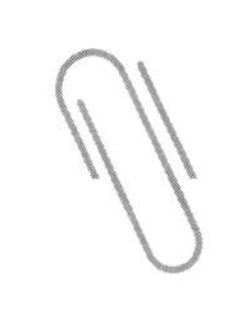

戦国時代に「戦争反対」を叫ぶ

『信長協奏曲』

裏テーマで平和への〝想い〟を盛り込む

『信長協奏曲』（２０１４年・フジテレビ系）は、現代の高校生が戦国時代にタイムスリップする物語。石井あゆみさんのコミック『信長協奏曲』を小栗旬さん主演でドラマ化した作品で、映画版も含めて一つのストーリーになっています。

戦国時代はそれだけでドラマチックです。闘争本能を剝き出しにした武将たちが権力欲や支配欲に突き動かされて命を奪い合い、人の生き死にが身近にあるからこそ愛する人との別れにも直面することになる。つまり、**友情も恋愛も親子愛も描きやすい。**それが戦国時代を舞台にしたドラマの強みだなと、このドラマで実感しました。

このドラマに乗せた僕の〝想い〟は**「戦争反対」**でした。現代の日本はとにかく平和で、平和ボケとまで言われています。第二次世界大戦の後、日本が戦争に直接的に関わらずにきたのは間違いなくいいことなのですが、戦争がないということ、平和であるということについて、リアルな実感を持ちづらいまま、日本という国が少しずつ戦争に近づいているような気がする。そんな感覚を、このドラマを手がける前から僕はずっと持っていました。**「戦争より平和がいいに決まってる」**という感覚をどうやってドラマにするか。そう考えている時に出会ったのが『信長協奏曲』のコミックです。原作では「戦争反対」という点はそれほど強調されていませんが、**裏テーマのような形で平和への〝想い〟を盛り込むことにしました。**とはいえ、この原作コミックの最大の面白さは「戦争反対」ではなく、「現代の少年が織田信長に取って代わる」という設定の妙です。「信長が時代を変えるほどの活躍を見せたのは、実は現代人だったから」という原作の面白さを最大限に活かしつつ、「裏テーマ」として平和への〝想い〟を込めたのがヒットに繋がりました。

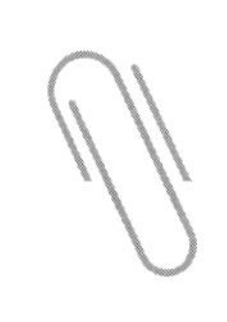

ドラマの企画＝〝想い〟を共有すること

同じ目線で気づいた感覚をドラマにする

ここまで『**14才の母 ～愛するために 生まれてきた～**』『**バンビ～ノ！**』『**BOSS**』『**信長協奏曲**』の4作品を例に、企画を考えた時の僕の頭の中を解説しました。

僕は〝想い〟を大切にしています。でも、僕にとって〝想い〟を大切にすることは、**〝想い〟を誰かと共有する**ことでもあります。

『14才の母 ～愛するために 生まれてきた～』は**「命って何？ 誰のもの？」**という疑問から生まれ、『BOSS』は**「海外ドラマに負けていられない」**という個人的な気持ちが企画の軸となっています。「命って何？」という疑問は僕だけでなくみんなの中にも間違いなくあるはずだし、「海外ドラマに負けていられない」という個人的な気持ちも、「海外ドラマって面白いよね」というみんなの共通認識を僕なりに裏返してみた言い回しでしかありません。決して僕の〝想い〟を押し付けているわけではないし、押し付けであってはいけないとも思っています。

世間の人たちと同じ目線で疑問や不安や喜びに気づき、その〝想い〟を僕も共有してドラマにする。それが僕のプロデューサーとしての仕事の根幹となっています。さらに言えば、この本の冒頭にも書いたように、ドラマや映画はチームプレーで作るものです。みんなで作るのであれば**仲間と〝想い〟を共有する**のは必然です。

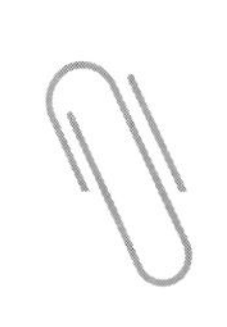

雑談の種を蓄えておく

～〝想い〟を共有するためのメソッド①～

カバンの中に種をいっぱい詰め込んで

日々の生活の中で感じたふとした〝想い〟。それを脚本家や監督といった仲間たちと共有するために、**僕は雑談を最大限に活用しています。**

月並みですが、**新しい人との出会いには発見がたくさんあります。**人と出会って雑談していると、その人についての発見はもちろん、自分の知らなかったジャンルの話題に触れることができたり、自分でも気がついていなかった自分の一面を知ることもあります。友人であろうとよく知らない人であろうと、雑談しているだけで気づくことはいっぱいある。だから僕は、人と話すこと自体が好きなのだと思います。**会話が楽しくて仕方がない。**

僕だけが楽しむのは申し訳ない、というわけではありませんが、僕は相手にも雑談を楽しんでほしいといつも思っています。僕と話しているこの時間を「楽しかった」と感じてほしい。相手を楽しませるために必要なのは、話の種を用意しておくことです。**気づいたこと、不思議に思ったこと、面白かったこと、何でもかんでもカバンに詰め込んでおくんです。**そして、相手によって最適な話の種はどれなのか、カバンの中から探し出して雑談していく。

いつかカバンの中が空っぽになるんじゃないか、という心配は僕にはありません。カバンの中から種を出して雑談をしたら、その雑談の最中に新しい種がいくつも見つかって、またカバンの中がいっぱいになるからです。

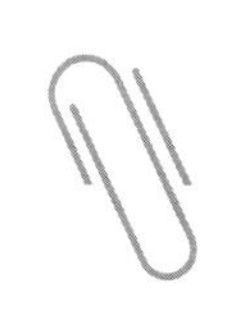

頭の中でセルフ企画会議

～"想い"を共有するためのメソッド②～

観る人を飽きさせないポテンシャルがあるか

少しだけ具体的な話になりますが、連続ドラマの企画を考える時には、設定やストーリーだけでは不十分です。そういう基本的なアイデアに加えて**「10～11話という1クール分のドラマになるか」**という点も重要視して企画を練っていきます。

思いつきレベルのアイデアは、山ほど出て来ますが、その思いつきを企画書にしたところで、そういう企画はまず通らない。上司に「こんな思いつきレベルの企画、ドラマになりません」と言われて企画書を突き返される自分の姿が頭に浮かびます。

「1クール分のドラマになるか」というのは言い換えると**「10時間のドラマとして形になって、観る人を飽きさせないポテンシャルがあるか」**ということです。

こういう吟味をするのがいわゆる企画会議という場なわけですが、僕は社内で企画会議に出す前に、自分の頭の中でセルフ企画会議をやっています。10時間のドラマになるのか。異議を唱える上司に反論する材料はあるのか。そんなふうに考えているうちに、頭の中に浮かんだ上司が「これはドラマになりません」と言い出すこともあります。

冗談っぽく「上司が」と書いてきましたが、上司の顔を思い浮かべるのは上司の顔色を窺うという意味ではありません。**この企画には思いつきレベルを超えるポテンシャルがあるのか。企画に込めた〝想い〟は観てくれる人にちゃんと届くのか。**それを客観的に再確認するということです。

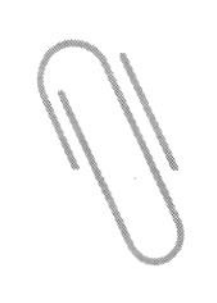

「当てたい」よりも「観てほしい」

自分の中にある根源的な欲求

僕はプロデューサーとして、作品を**「当てたい」**と常に思っています。でも、その「当てたい」は「名声が欲しい」とか「評価されたい」とか、そういうニュアンスとはちょっと違います。**自分の作品を一人でも多くの人に、できるだけたくさんの人に「観てほしい」という気持ちが何よりも大きい。**観てくれる人が増えたら、結果として商業的に「当たった」ということになるし、「当たった」後には僕の評判も少しは良くなっているのかも。

そうなれば、次の作品をやりやすくなるかもしれない。なんてことは考えます。でも、まずは観てもらってからの話です。**だから僕は、とにかく「観てほしい」と思っています。**

大学を卒業してテレビ局に入ったのも、一人でも多くの人に「観てほしい」という欲求に基づいています。**僕が「これ、いいじゃん！」と感じたものを、一人でも多くの人に届けたい。**そんな気持ちが僕の根っこにはあります。自主制作映画ではなくテレビ局、というのも、僕のこだわりが表れている部分。できることなら、より多くの人に届いてほしいのです。

自主制作映画や単館上映を否定するわけではありません。むしろ僕自身、名古屋の高校生だった時は名古屋シネマスコーレやシネマテークに通っていたし、大学では仲間と自主映画を撮っていました。正直、僕の根っこにはその時代に観た映画が横たわっています。ただ、僕の個人的な志向として、分かる人だけ分かればいいとか、届く人にだけ届けばいいとか、そういうやり方を選ばないという気持ちがあります。

世界中の隅々まで、いつの時代でも、誰であろうと、自分の作品を一人でも多くの人に「観てほしい」という欲求を異常なほど僕は持っています。

世の中の人たちがどんなことを感じているのか

そういう根源的な欲求の先にあるのが**「どうしたらより多くの人に作品を観てもらえるか」**という段階です。と言っても、どうしたら売れるかというマーケティング戦略のようなものではありません。僕が大事にしているのは、**「自分で体感すること」**です。世の中の人たちがどんなことを感じているのか、それを摑もうと僕はいつも必死になっています。

例えば、大ヒットした本やドラマ、話題の商品、そういうものを僕は〝秒〟で試してみます。例えば「食べるラー油」がブームになった時、僕は街中を駆けずり回って手に入れました。本当は辛いものが苦手なんだけど、「話題になってるんだから早く食べないと」という気持ちに駆られてしまうのです。最近は「ヤクルト１０００」を探し回りました。なかなか見つからなくて、探すので疲れてしまい、結果よく眠れた記憶があります（笑）。

なぜそこまでして手に入れようとするのか。それは、**話題になっているものには理由があると思うからです。**誰よりも早く体感して、その理由を感じ取っておきたいのです。

「当てにいく」ためのマーケティング戦略はいらない

きっとみんなが待っている

この章の最初にも書きましたが、僕は「当たりそうなもの」を探しているわけではありません。流行っているものをとりあえず体感してみたいと思うのは、流行に乗っかりたいからではなく、**僕を含む世の中の人たちが感じている「なぜこんな現象が起きているんだろう」というふとした疑問の答えを見つけるためです。**答えが見つからなくても、手がかりやきっかけくらいは感じたいからです。

僕の企画の立て方は「当てにいく」ためのマーケティング戦略では決してないのですが、僕の考えが結果的に「社会の潮流を読む」かのようなものになることもあります。『**いつかこの恋を思い出してきっと泣いてしまう**』（２０１６年・フジテレビ系）を企画した時がその好例でしょう。本作の脚本は坂元裕二さん、主演は有村架純さんと高良健吾さん。地方から上京してきた２人の恋愛を描いた作品です。視聴率だけを見ると振るわなかった作品ですが、**ストーリーやキャラクターを愛してくれるファンの方々がいっぱいいる**、という手応えを僕は持っています。すごく深く刺さった人が多かったドラマだと思います。

このドラマを企画した時期、**フジテレビの月９でラブストーリーではない作品が増えていました。**同じ時期に、他局のラブストーリーで成功した作品もあり、他局のプロデューサーと話をすると「お前らがやめたから俺たちがもらったよ」みたいなことを言われて悔しい思いをしたこともありました。

実は、同じような現象はその数年前から起きていました。それは、日本映画界における「胸キュンムービー」「キラキラムービー」と呼ばれる恋愛映画の大ブームです。咲坂伊緒さんの原作コミックを映画化した『アオハライド』（２０１４年）や『ストロボ・エッジ』

（2015年）は大ヒット。この2作品を手がけた東宝の臼井央さんというプロデューサーからはこう言われました。**「フジテレビの月9がやらなくなったから、ラッキーと思って作りました」**と。

フジテレビの月9がラブストーリーをやらなくなったことで、他社のドラマや映画でヒット作品が生まれた。それがなんかすごく悔しかったんです。

ラブストーリーは求められている。それは他局のドラマや映画が証明している。だから『いつかこの恋を思い出してきっと泣いてしまう』を作り始めた時には**「きっとみんな、こういうラブストーリーを待っているはず」**という感覚を信じて突き進みました。これはマーケティング戦略でも何でもないのですが、結果的に「社会の潮流を読む」ことになったと言えるかもしれません。

『いつかこの恋を思い出してきっと泣いてしまう』の5年後、『silent』（2022年・フジテレビ系）の企画がスタートする前も似たような状況でした。本作は生方美久さんの脚本で、川口春奈さん演じるヒロインと、聴覚障害のハンディキャップを持つ男の子との純愛物語。相手役を演じたのは目黒蓮（SnowMan）さんです。

企画当時、『いつかこの恋を思い出してきっと泣いてしまう』の時よりも、さらにピュアなラブストーリーは減っているように感じ、僕はこんなことを考えました。**「今のドラマ界は、純粋なラブストーリーが少なくてラブコメが多い」**「フジテレビの月9がラブストーリーをやめて、その隙に他局がラブストーリーで当てたけど、それもやっぱりコメディ要素が強い」「笑えるものが多くて、泣けるラブストーリーは少ない」「俺の体感では『いつ恋』はみんなの心に残ったという手応えがある」**「今は泣けるラブストーリーが少ないけど、みんなは『いつ恋』のようなドラマを観たいんじゃないか」**

同時に、その頃の僕が「あれ？」と感じていたのは「多様性」というワードです。世の中ではまるで流行語のように多様性という言葉が飛び交っていて、「これからの時代、多様性があって当たり前」のような風潮になっている。この現状に僕は少しだけ疑問を感じました。念のためにはっきりと書いておきますが、多様性の大切さを否定しているわけではないし、多様性の価値そのものに疑問を抱いたのではありません。僕の頭の中に浮かんだのは**「多様性って難しいよな。みんな本当はどう思ってるんだろう」「そもそも多様性って何なんだろう。僕自身も分からないし、みんなは本当に理解しているのかな」**

という、疑問でした。

「泣けるラブストーリーを人々は求めているはず」という世間の需要に対する感覚と、「多様性って何だろう」という問題意識。この2つの〝想い〟を重ねるような形で『silent』の企画が形になっていきました。

こういう思考は「当てにいく」ためのマーケティング戦略とはほど遠い、というのはご理解いただけると思います。

僕はマーケティング戦略のような考え方とは距離を置きつつ、これまでに説明してきたような**「どうしたらより多くの人に観てもらえるか」「なぜこんな現象が起きているのか」「多くの人が感じているものを自分も感じてみたい」**というものを積み上げて、企画を立てているのです。

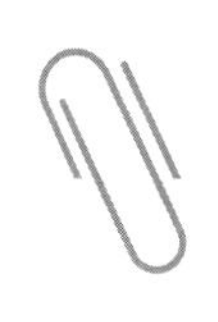

2年後に流行るキャストを見出す

流行りものか、それとも本物か

映画部にいた時期、ドラマ部では気にしなかった部分にも目を向けるようになりました。それは**「2年後に流行るキャストはどんな人か」**という点です。その頃、僕が手がけていた映画の製作期間は2年くらい。つまり、**僕の目の前にある映画の企画書が映画館で公開されるのは2年以上先ということです。**ドラマの場合、企画スタートからドラマの最終回までは数ヶ月から1年程度。それと比べると、かなりの違いを感じざるを得ませんでした。当時の僕は企画作りのとっかかりの段階から「2年後に流行るキャスト」を意識しなければ、と考えていました。

とはいえ、正確なトレンド予測など僕にできるわけがありません。僕が注意を払っていたのは**「流行りものか、それとも本物か」**の見極めです。

大変申し訳ない言い方になってしまいますが、僕は「今はウケてるけど2年後には消えてしまいそうな人」は、なんとなく判別できる気がします。これはもう、まったく根拠のない自分なりの感覚でしかありません。

ミュージシャンでも役者でも芸人でもタレントでも、2年後、あるいは3年後には、今のポジションにいないかもしれない、という不安を感じさせる人は**「流行りもの」の人**。逆に、5年後も10年後も、大げさに言ったら100年後でも名前が残っているだろう、と思わせるような人は**「本物」の人**です。

映画部からドラマ部に戻ってからも、「来年にはいなくなりそうだな」と感じさせるような人には近づかないように注意していて、主題歌のアーティストを選ぶ場面などではそれをすごく意識します。ドラマの再放送を観て「なんでこのアーティストが主題歌やってたんだろう？　この人、今もういないよね」と感じてしまうような経験、思い当たる人も多いんじゃないでしょうか。

「流行りものを避ける」と言うとネガティブに聞こえるかもしれませんが、ポジティブに言い直せば **「本物と一緒に仕事をしたい」** ということです。

主題歌のアーティストだけじゃなく、ドラマのキャスティングも同じ。**5年後も10年後も最前線にいるであろう実力派。** そういう人を選ぶようにしています。

「村瀬さんに頼まれたら断れない」を増やす

オーディションは、僕自身も試されている

自分が抜擢した人が、数年後にスターになっていく。これは、僕の自慢の一つです。その最たるものは志田未来さん。『14才の母 ～愛するために 生まれてきた～』では、無名ではなかったけど子役として人気、という存在だった彼女を**主演に抜擢**しました。

その後、フジテレビに移って最初に手がけた学園ドラマ『太陽と海の教室』(2008年・フジテレビ系)は、今見ると**生徒たちがとんでもなく豪華**でした。女子は、北乃きいさん、吉高由里子さん、谷村美月さん、大政絢さん、前田敦子さん、忽那汐里さん。男子は、岡田将生さん、濱田岳さん、山本裕典さん、賀来賢人さん。今見ると、びっくりするくらいに錚々たる顔ぶれが並んでいます。その前々年にやった『14才の母』のオーディションも含め、何百人もの若手俳優と直接会い、気になった人たちを選んだ結果です。

時々、**「村瀬さんは、どうやって売れそうな人を見分けるのですか?」**と聞かれることがあります。正直、答えに困ります。なぜなら、本当に感覚的なものでしかなく、「こういう人を選んでるんです」という説得力のある答えがないからです。

その分かりやすい例が、前田敦子さんかもしれません。僕は、『太陽と海の教室』の生徒に前田敦子さんをキャスティングしたのですが、これこそ**「感覚的」なものでしかありません。**当時のAKB48は、まだ国民的な存在にはなっていませんでした。秋葉原の劇場が連日満員になり始めていて、なんか面白いものが生まれようとしているのかも?というような感じの時代です。その頃の僕は、このドラマのためのオーディションを進めており、かなりいい感じに生徒たちが集まりつつありました。まだみんなスターになる一歩手前ではありましたが、ドラマや映画で良い役を演じている「役者業界における優等生」

がいい感じに揃っていました。それは僕にとって最高だったのですが、何かが足りない。なんというか、役者的な子たちが揃いすぎていて、なんというか、あまりにも格好が良すぎるように感じていたんです。このバランスを崩す必要があると思いました。それで、**分かりやすく「アイドル」的な存在を入れたい**と思ったのです。当時、話題になっていたアイドルグループが3つほどありました。そのライブに僕は全部、行ってみました。その中で圧倒的に面白かったのが、秋葉原の劇場で見たAKB48でした。**うわ、これは面白い。きっとこの子たちは売れる。**そう思いました。しかし、この中の誰が女優として大成するかまでは分かりませんでした。そこまでの予知能力は僕にはなかったし、そういうことを感じさせないくらいに彼女たちのライブがただただ面白かったのです。

ライブが終わった後、僕は関係者として劇場に残りました。観に来たテレビ局の人が、メンバーの皆さんにご挨拶させていただく、ということで客席に残っていたのです。メンバーの皆さんは、当時の売りであったお客さんとの挨拶をしていたので、僕はなんとなく、劇場の客席に座ってそれが終わるのを待っていました。たまたまその時持っていた「日経エンタテインメント」の最新号を読みながら。そしたら、不意に話しかけてきた子がいたのです。**「わ！これ、日経エンタの最新号ですよね？これに私、載ってるはずなんです！」**と。「あ、そうなの？　見る？」と聞くと、その子は「ありがとうございます！」と言って雑誌をめくって、自分が載っているページを見つけ「わー！あった！！」と嬉しそうにそのページを僕に見せてくれたんです。それが、前田敦子さんでした。目をキラキラさせながら、初めてメインキャストとして出演した『栞と紙魚子の怪奇事件簿』の記事を見せてくれました。**その姿が本当に素敵で、「この子に出てもらおう」って思ったんです。**それが、僕が前田敦子さんを『太陽と海の教室』に抜擢した理由です。

どうです？　根拠なさすぎでしょう？　でも、そういうものなんです。**この時に、僕が感じた「感覚」が、キャスティングの決め手なんです。**もちろん、前田さんはその時、客席に座っていた僕が月9のプロデューサーで誰かを探しに来ているなんてことは知る由もありません。なのに、なぜだかわからないけど、僕に話しかけてきた。そして、オーディションではきっと見られない、本気の本気で嬉しい表情を、僕に見せてくれた。その運に賭けてみたいと思ったんです。こういう直感を、僕は信じています。

オーディションによるキャスティングは、僕自身も試されています。集まった人たちの中から、将来のスターを僕は見極められているか。そういう子を見つける嗅覚を持っているか。そこは昔から自分の中で意識しています。最近だと板垣李光人さんが僕の嗅覚で見つけた役者さんです。映画『約束のネバーランド』（２０２０年）のオーディションでノーマン役に抜擢して、自分の手で世に送り出し、その後『ｓｉｌｅｎｔ』にも出演してもらいました。

そうやって、若い子たちを見つけて、やがてスターになっていく。それは、**自分のためにもなります。**僕に抜擢されて世に出た人は、多少なりとも僕に恩を感じてくれるはずです。将来、**「村瀬さんに頼まれたら断れない」**という気持ちで僕からのオファーを引き受けてくれる役者さんをいかに増やせるか。そういう狙いもあります。**最高に幸せな自給自足を目指す**、みたいな感じでやっています。

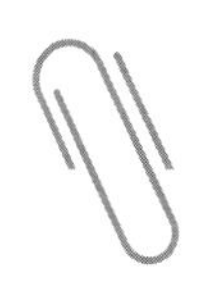

売れる前に見つけて会いに行く

これから来そうな役者を常に探している

若手を発掘するのは、僕よりも妻の方が得意なのかもしれません。妻は時間がある時に、芸能事務所のホームページをチェックしてくれていて、たまに「この子良くない？」と僕に教えてくれます。

ある時、妻が「この子いいと思う」と言って僕に写真を見せてくれました。僕も見てみると確かに気になる。**写真に写っている表情がすごくいいんです。**なのに、出演作がまだまったくない。事務所に連絡すると、事務所の人ですら「そんな子、うちにいる？」って言うくらい、認知されていなかった。それが森川葵さんでした。

すぐに担当マネージャーに繋いでもらったら**「よく見つけてくれましたね！」**と喜んでくれました。ちょうど次の週にたった1日だけ、主演した自主映画が新宿の映画館で上映されるタイミングだというので、僕はその日の上映を観に行くことにしました。当日はとんでもない大雪になって交通網が麻痺しましたが、それでも僕が映画館に足を運ぶと、そこには事務所の担当部長さんもいて**「よく来てくれたね！」**と出迎えていただきました。映画の中の森川さんもめちゃくちゃ良かった。

その翌週には、森川さんに台場まで来てもらって直接会いました。まだ売れる前だったけど、僕は「すごく良かったよ」と映画の感想を伝えつつ、**「君は100かゼロか。すごいスターになるか、まったく売れないか、どっちかだと思う」**と、僕の率直な印象をお話ししました。

その僕の言葉を森川さんはずっと覚えてくれていたようです。数年かけて少しずつ売れてきた森川さんが深夜ドラマに主演した時、僕はロケ先に遊びに行きました。森川さんと久しぶりに再会して、**「100かゼロかだって私に言ったんですよね」「覚えてるんですか?」「もちろんですよ」**と出会った時の話で盛り上がりました。そして、その数年後、『いつかこの恋を思い出してきっと泣いてしまう』で大事な大事な小夏を演じてもらいました。

そんなふうに、**若い役者さんがまだ売れる前に見つけて会いに行く**、というのをよくやっています。それくらい、これから来そうな子は常に探しています。

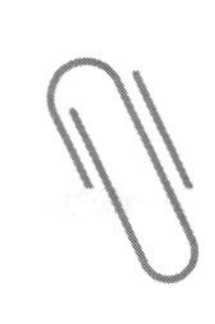

テーマ選びでも「本物」を重視

いつの時代でも、どんな人でも

「流行りものか、それとも本物か」という見極めの大切さは、主題歌のアーティストやキャスティングなどの人選に限ったことではありません。**ドラマのテーマを決める時にも、そのテーマが流行りものではなく「本物」かどうかが重要です。**

本物のテーマというより、**普遍性のあるテーマ**と言い換えた方が分かりやすいかもしれません。いつの時代でも、どんな人が相手でも、そこに込めた〝想い〟を分かってもらえる普遍性があるかどうか。テーマ選びの際には、必ず立ち止まってよく見極めるようにしています。

「今年はこれが流行る」とか「最近のトレンドを取り入れる」とか、流行に乗っかっていく企画もドラマとして成立はするだろうけど、僕はそういうテーマにはあまり興味がありません。逆に、**今すぐに企画が成立しなかったとしても、来年また同じネタで勝負できる**、そういう企画を僕はやってきたような気がします。

ごく稀(まれ)に「村瀬さんには時代を見る目がある」みたいなお褒めの言葉をいただくこともあります。でも実際のところ、僕に時代を見る目があるというよりも、**「いつの時代でもどんな人でも、受け入れてもらえる普遍的なテーマ」**を選んでいるから、より多くの人たちが僕の作品を観てくれる、ということなのかもしれません。

第2章

人を巻き込むために

手を動かす

企画書の作成術

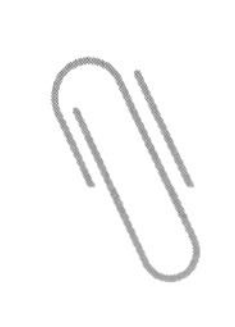

アイデアを形にする第一歩が「企画書」

企画推進力こそが最重要

プロデューサーの仕事をする上で一番必要な能力は何だと思いますか？　それは**「企画推進力」**だと僕は思っています。自分がやりたいと思った企画をいかにして実現するか。そのための能力が「企画推進力」です。**成し遂げるための努力を惜しまず、力とテクニックを駆使して企画実現まで持っていける人**、そういう人物がプロデューサーとして一番優秀だと考えています。

第2章
人を巻き込むために 手を動かす

今の話を言い換えると、企画とはアイデアだけの勝負ではない、とも言えるでしょう。思いついたアイデアをちゃんと形にするところまで辿り着かなかったら、勝負にすらなりません。

様々な事情で企画が頓挫しそうになることもたくさんあります。それでも、プロデューサーは船を前へ前へと進めなくてはならない。そういう**力強い推進力こそプロデューサーに求められている能力**であり、僕自身も重要視しています。

そのための第一歩となるのが企画書です。

第1章は**「人を巻き込む企画を発想する」**という頭の中の話で、まだきっかけでしかない小さな種をいかに膨らませていくか、という内容でした。この章では、企画を実現させるために意識を向けるべきポイントと、**「人を巻き込む企画書を作る」**というアウトプットの部分を、僕のドラマ作りの実体験も交えて説明していきます。

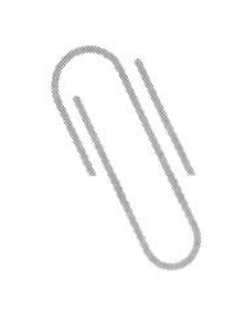

誰に向けて企画書を作るのか

まずは自分ウケ、次に同業他社ウケ

初めに整理しておきたいのは**「誰に向けて企画書を作るのか」**です。僕の場合、最終的に仕上がる作品は視聴者に向けたものになりますが、企画書は視聴者の目に触れることはまずありません。本書では冒頭で実際の企画書を公開し、この後のページでも別に企画書をお見せしますが、こういうケースはレア中のレア。**基本的にはドラマの企画書は、会社に向けて企画を通すために、そして役者さんやスタッフなど仲間になってほしい人**

たちに向けて僕の〝想い〟を伝えるために、作るものだと言えます。

企画書を見せる相手が会社であっても仲間であっても、まずは企画書に食いついてもらわないと話になりません。要するに、**企画書の段階で「面白い」とか、少なくとも「面白そう」とか、そういう反応を引き出したい**わけです。

ここまで整理した上で、僕が企画書作りの際に押さえるポイントが2つあります。一つは**「自分ウケ」**、もう一つは**「同業他社ウケ」**ということです。

「自分ウケ」とは、自分に対してウケる企画かどうか、です。これが重要だと思う理由は明快で、**自分が面白いと思えないものは、ほかの人も絶対に面白がらない**と思っているから。ドラマの企画作りというのは「俺は面白くないと思うんだけど、当たりそうだからやってみよう」という考え方が通用するほど甘くない。そう思っています。

もしかしたら、天才的な料理の技術と商売センスを併せ持っていて、自分は美味しいと思っていないメニューを大ヒットさせる料理人とか、そういう人もいるのかもしれない。だけど、「それっておかしくない?」と思いませんか? 自分が美味しくないと思っているのに人にオススメするなんて、できないじゃないですか。

誤解してほしくないのですが「俺が面白いと思ってるんだから、世の中の人も面白いと思うに決まってる!」などとは1ミリも考えていません。先ほども書いた通り**「自分が面白いと思えないのに世の中の人たちが面白いと思ってくれる、なんてあり得ない。そんな甘いもんじゃない」**というのが真意です。相手に面白いと思ってもらえるかを気にする前に、少なくとも僕自身が確信を持って面白いと思えるかが気になってしまうのです。最低限、自分が面白いと思うものをみんなにもオススメしたい。そういう観点で、**自分が面白いと思えるものを作り続けたい**と思っています。

もう一つの**「同業他社ウケ」**というのは、同業他社、つまり他局のドラマプロデューサーや映画会社のプロデューサーに対するライバル意識から生まれる視点です。

同業他社の彼らがこのドラマを観た時に、どんなふうに思うだろうか。**「これはやられ**

た。悔しい」と、そう思わせるようなものを作りたいんです。逆に「ふーん、これね」と受け流されるようなものにはしたくない。

「同業他社ウケ」は空想というかシミュレーションというか、そういうものだと言っていいかもしれません。というのも、実際に同業他社の人たちにドラマを観てほしいと思っているわけではないので。それでも僕が**「同業他社ウケ」を意識するのは、同業他社が「やられた」と悔しがるような企画は間違っていないはず、**という感覚があるからです。だから、企画書ができあがると「他局の人、悔しがるかな」みたいなことを考えたりします。

実際、他局の企画が発表された時に悔しくなることが僕は結構あります。「うわ、これやられちゃったか……」みたいな。**自分がそういう気持ちになるから、相手にも僕の企画でそう思わせたいんです。**

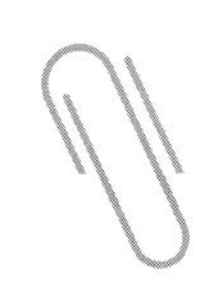

「正解」はないが「不正解」はある

過去の失敗から学んだ「不正解」とは

自分が面白いと思えるものを起点にして企画作りはスタートするわけですが、そこが入り口というだけであって、その先に**「正しい」ルートがあるわけではありません。**それこそ、様々な事情によってケースバイケースで、様々なルートを辿りながら企画は進んでいきます。

ドラマ作り、映画作り、脚本作り、企画作りに「正解」はありません。これは間違いない。だけど「不正解」はある。これも間違いないと僕は思っています。繰り返しになりますが、こうやったら当たるとか、こうしたらみんな面白がる、なんてものはないんです。つまり、正解はない。でも、**これをやったら嫌がる人がいるとか、ドラマならチャンネルを変えられるとか、そういう不正解はいっぱいある。**その根拠となっているのは、過去に自分がやってきた数々の失敗です。僕の作品で、観ている人たちが離れてしまった経験、視聴者の熱が急に冷めてしまった経験、そういうものが不正解として僕の中に蓄積されています。ほかのプロデューサーが手がけた作品を観た時に「これはやっちゃダメだろう」と感じることもあります。そういうことを感じた時は大抵、お客さんの心も離れていく。つまり視聴率が下がっていくというパターンも少なくありません。**登場人物のキャラクター設定やその行動、また物語の展開のさせ方**など、「あー、こうはしない方がいいのに」と思うことが僕の中にたくさんあるので、自分のドラマを作る上ではいつもその点を気にしながら作っています。

企画作りという初期段階だけの話ではなく、**企画が動き出してからも不正解をチェックする意識は常にあります。**例えば、ドラマの本打ち（脚本の打ち合わせ）で、脚本家に「これは不正解だと思う」「これをやっちゃったらお客さんが離れるからやらないほうがいい」「これはやめよう」と、しっかりと伝えることもあります。

『**いちばんすきな花**』（２０２３年・フジテレビ系）の本打ちでも、そういう場面がありました。これは設定や展開といったことではなくディテールに関することでした。脚本家の生方美久さんが最初に設定した今田美桜さん演じる夜々のキャラクターの中に「カタツムリの写真を待ち受けにしている女性」という一文があり、僕は「これは不正解だ」と思い、変更を提案したのです。カタツムリが好きな方には大変申し訳ないのですが、やっぱりカタツムリって多くの人にとってはちょっとだけ気味の悪さを感じるというか。**男女の友情と恋愛をテーマにしたしっとりとした世界観なのに、ドラマの中にカタツムリの画像が出てくるのは良くない**、と僕は感じました。小さいイラストのカタツムリならありだけど、という話をしたら、生方さんも「確かに」と納得してくれました。結果、オンエアを観てくださった方は分かると思いますが、夜々のスマホの待ち受けは**綺麗なアジサイの写真で、その中に小さなカタツムリがいる**、というものになりました。高野舞監督のアイデアも加わり、絶妙なラインに落とし込めたと思っています。

カタツムリだけでなく、トカゲ、カエル、ナメクジ、ヘビ、そしてG。こういうものをドラマの中で扱うのは、僕にとっては不正解です。今こうやって文字として並べるのですら抵抗があるし、ましてやドラマの中で映像として出すのは、もはやテロだと思っています。直接的な描写でなくても、例えばセリフやタイトルに入れるのも、僕はかなり厳しいと感じてしまいます。

もちろん、ヘビやトカゲがかわいくて仕方ないという感性の人がいるのは分かっているし、そういう感性を否定するつもりはまったくありません。でも、爬虫類や昆虫は、見たり聞いたりするだけで嫌悪感を覚える人も少なくないのが実情です。であれば**「より多くの人に観てほしい」と思ってドラマを作っている僕からすると、爬虫類や昆虫をドラマに取り入れるのは不正解、ということになるのです。**これは僕の意見や直感でしかなく、爬虫類や昆虫をモチーフとして上手く扱って成功している作品も世の中にたくさんある、ということも補足しておきます。

正解はない。でも、不正解はある。爬虫類や昆虫は一例ですが、自分の経験と直感を頼りに、不正解を排除するべく細心の注意を払っています。

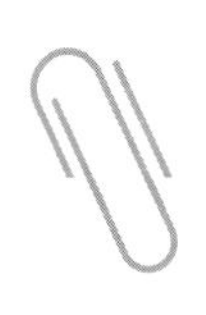

タイトルとキャッチコピーの考え方

タイトルやキャッチコピーを立体的に考える

ドラマの企画を考える時に、**企画書のキャッチコピーを考えるのが好きです。**コピーライターになりたかったわけではありませんが、そういうものを作るのは昔から好き。企画の初期の段階から、自分の中では**仮タイトル**、**仮キャッチコピー**、**仮ポスター**、**仮主題歌**、こういったものを立体的に考えています。

『ｓｉｌｅｎｔ』の時は珍しく、初期段階にはキャッチコピーが浮かんでいなかったけど、それはおそらくタイトルが強かったからです。**「静寂」を意味する『silent』というその言葉自体が、物語のテーマを凝縮していたんだと思います。**

『いちばんすきな花』の場合、最初は仮タイトルも仮キャッチコピーも何もなくて、**「男女の間に友情は成立するか」というテーマだけがあった。**そこから生方美久さんと一緒に作り始めて、徐々に4人の男女の話という輪郭が見えてきました。その時に自分の中で「これは花だなぁ」「人によって見方も価値観も違う。おそらく好きな花も違う」ということが思い浮かんだんです。ドラマの中でも描いているけど、花は花で幸せじゃないかもしれない。好きでもない花と一緒に花束にされたり、花屋さんではみんな同じ方を向かされていたり。そんな話を考えながら、**「4人バラバラに生きてきた人たちが友情で一つになる」みたいな場面では、自分の好きな花がポイントになっている、**そんな話でありたいと思った。そんなことを考えていたときに自分の中でふと思いついた『いちばんすきな花』という言葉をタイトルにして企画書を作り始めました。

ちなみに『いちばんすきな花』の「男女の間に友情は成立するか」というテーマは、意味合いを深めながら、徐々に変容していき、最終的にキャッチコピーは、**「二人組を求める**

人生で出会った、4人のひとりたち」になりました。結婚していない人も含めて、そして男女を問わず、とにかくこの世は二人組を作りたがる。二人組になれなかった人はいっぱいいるよねという話を生方さんとしてきた結果、彼女が素晴らしい提案をしてくれました。

脚本家のアイデアからタイトルを決めることも

『いつかこの恋を思い出してきっと泣いてしまう』は最初、全然違うタイトルを坂元裕二さんが考えていました。それがある時、突然『いつかこの恋を思い出してきっと泣いてしまう』と、坂元さんが原稿の表紙に書いてきた。僕は最初、タイトルだと思わず「何かのメモかな」と思っていました。このタイトル、当初は「長すぎる」という理由で否定派だったけど、何度も噛みしめているうちにその良さが心に染みていきました。そして、これじゃなきゃ絶対に嫌だ！と思うようになり、**月9史上最も長いタイトルのドラマ**が誕生したのです。今となっては否定派だった自分が信じられない思いです。「何を言ってるんだ、君は？」と当時の自分に言ってやりたいです（笑）。

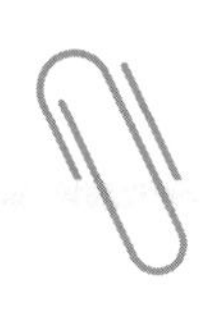

大事なのはキャラクター

「世田谷代田に行ったら紬と想がいるような気がする」

企画書を作るにあたって、僕が特に気をつけているのが**キャラクター**です。**愛されるキャラクター、こいつのこと好きだなぁって思ってもらえるキャラクターを生み出せるかどうかが、ドラマを成功に導く最大の秘訣だと思っているからです。**そして、キャラクターとキャスティングは切っても切り離せないものなので、「このキャラクターをこの役者さんが演じる」というところまで含めて、**キャラクターの魅力**について練り込んでいます。

名作と呼ばれるドラマ、あるいは個人的に好きなドラマを思い浮かべた時、作中に登場したキャラクターが最初に思い浮かぶのではないでしょうか。『ロングバケーション』（1996年・フジテレビ系）なら瀬名（木村拓哉）と南（山口智子）とか、『いつ恋』だったら音（有村架純）と練（高良健吾）とか、『silent』なら紬（川口春奈）と想（目黒蓮）とか。いずれも、**みんなの記憶に残るキャラクター**です。

企画書を作る時には、みんなに愛されるキャラクターが作れているか、キャラクターの魅力が企画書で伝えられているか、という点にこだわっています。キャストと役柄が書いてある企画書に目を通した人に**「このキャラクターを見てみたい」**と思わせられるかどうかを僕はすごく意識しています。

個人的な話ですが、僕の永遠のバイブルと呼べるドラマは『**北の国から**』（1981〜2002年・フジテレビ系）です。この作品を観てドラマの世界に憧れるようになったし、僕の生きる道を変えた作品と言っても過言ではありません。僕が人生で流した涙の何割かは『北の国から』を観て流した涙です。結構な割合を占めている気がします。

このドラマは全てが素晴らしく、僕が語り始めるとそれだけで一冊分になるので多くは語りませんが、何より凄いのは、キャラクターがずっと生き続けていることです。おそらく『北の国から』が好きな人なら分かってくれると思うのですが、ドラマの舞台である富良野へ行けば、今も純（吉岡秀隆）や螢（中嶋朋子）がこの土地にいるような気持ちになります。今もこの地で五郎さん（田中邦衛）が生き続けている。そんな気がする。**ドラマの登場人物である彼らがこの世界に本当に生きているような気がするのです。**

僕と同じような感覚を、僕のドラマを観た人も感じてくれたら最高だな、と常々思いながらドラマを作ってきました。『ｓｉｌｅｎｔ』の放送後、**「世田谷代田に行ったら紬と想がいるような気がする」**という視聴者の〝想い〟をSNSなどで目にして、幸せなことだな、夢の一つを達成できたのかな、と感じました。

連続ドラマは最終回で物語が終わってしまいます。でも、**観てくれた人たちの心の中ではキャラクターたちが生き続けている**のだと思います。ドラマの放送が終わった後も「主人公たちは今どうしてるかな」とか「元気にしてるかな」とか、ふと思い出してもらえるような、そういうキャラクターを作りたいと、企画書を作る段階で考えています。

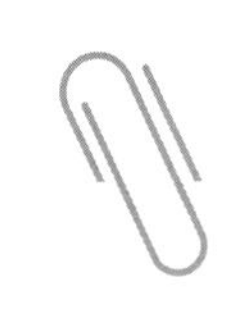

ドラマの企画が成立する3つのパターン

ドラマの企画はどんな流れで決まるのか

「ドラマの企画ってどうやって決まるんですか?」という質問をよく受けます。少しだけ実務的で細かい話になりますが、**ドラマの企画が成立するまでの流れ**を整理してみようと思います。

大きく分けると、企画成立までの流れには3つのパターンがあります。1つ目は**企画**が先にあるパターン、2つ目は**キャスト**が先にあるパターン、3つ目は**原作**が先にあるパターンです。

1つ目は一番分かりやすいと思います。僕のようなプロデューサーたちが**「こういうドラマをやりたい」という企画書**をいくつも出して、**会社からゴーサインが出たら企画成立**です。ゴーサインは、無条件で出る場合もあるし、条件付きのゴーサインという場合もあります。例えば「このキャスティングが実現できるなら」みたいな形です。

2つ目の**キャストが先に決まっているパターン**は、僕の作品では『BOSS』がそれにあたります。そのクール、天海祐希さんが連ドラ用にスケジュールを空けており、面白い企画があればフジテレビのドラマに出ることも検討すると言ってくれている。天海さんは主演俳優として強力な存在だから、当然のことながら会社としては天海さん主演の企画を考えよう、という話になります。**社内で企画コンペになる時もあるし、『BOSS』の時の僕みたいに「僕やりたいです！ 僕にやらせてください！」と名乗りを上げて企画を立てることもあります。**当時、天海さんは「上司にしたい女性ランキング」の圧倒的

№.1になり始めた頃だったので、「天海さんが上司としてめちゃくちゃな部下たちを率いるチームもの」をやりたいと思い、そこから企画を作り始めました。

3つ目は、**面白くて魅力的な原作が先にあって、それをドラマ化したいというパターン。**僕のプロデュース作だと『バンビ〜ノ！』『信長協奏曲』がこれにあたります。細かく言うとこのパターンの中でさらに3つに分かれて、**一つは企画者が「この原作をやりたい」と提案して動き出す場合、次は出版社などの原作側から「映像化しませんか？」と話を持ちかけられる場合、もう一つは会社から「この原作で企画を作ってくれ」と言われる場合。**いずれのケースでもざっくりとした流れは同じで、この原作をドラマ化しよう、キャストはどうしようか、その役者さんがやってくれるならいいね、というような進み方で企画が決まっていきます。

企画が先、**キャスト**が先、**原作**が先、という3つのパターン以外にも、例外的なパターンで企画が決まるケースもごく稀に発生します。例えば、予定していた企画が様々な事情で飛んでしまい、放送枠がぽっかりと空いてしまうケース。準備していたものが何もなくなるけど放送予定だけが残ることから**〝更地〟**と呼ばれたりもします。そういう場合「○月クールの○曜○時が更地になっちゃった！ どうしよう！ なんか企画ない？」と緊急で企画を求められたりします。実は『ｓｉｌｅｎｔ』は、この〝更地〟を埋めた企画でした。僕自身、ようやく見つけた才能である生方美久さんと時間をかけて企画を作っていこうと思っていたところ、予想外に〝更地〟が発生してしまったようで、上司から**「村瀬、やりたいことやっていいからこの枠やってくれ！」**と言われ、急遽実現することになった作品でした。だからこそ、自由に、思い切ってやれたというのは間違いなくありました。こういう企画成立のパターンは、かなり稀だと思います。

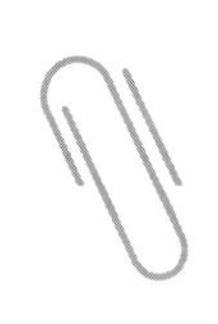

船員集めの過程

「チーム村瀬」の顔ぶれが揃うまで

実際に、**チームの仲間を集めるのはどんなふうに行われているのか。**ここではその流れを追ってみましょう。

新しく企画を始める時、僕が最初に声をかけるのは**脚本家**です。頭の中に浮かんだ企画のネタを、脚本家に話してみるのです。**「こんなドラマをやりたいと思っているんです**

けど、ご興味ありますか?」みたいな感じで話して、盛り上がったら企画になっていく、という感じです。

これは企画になりそう、という手応えを感じたら、**会社の上司**に話します。僕にとって企画を通してもらう存在である部長や局長に**「こういう企画をやりたいです」**と話して、「おお! いいじゃない」とか「いやいや、それは当たらないでしょ」みたいな反応をもらいます。良い反応ならそのまま進め、あまり芳しくない場合は、どうしたらもっと面白そうに感じてもらえるかを考えます。

脚本家の次に選ぶのが**監督**です。その企画に合った監督を考え、一緒にやりませんかと声をかけ、乗ってくれたらそこから脚本家と3人で企画を詰めていきます。監督が先に決まっていて、監督とプロデューサーで企画を詰めてから脚本家を選ぶというパターンもあります。僕の場合は、**僕と脚本家である程度「形」を作ってから、その内容や世界に合う監督に声をかける**ということが多いです。

僕はたいていの場合、企画を思いつくと同時にキャストと主題歌も頭に浮かんでいます。なので、この段階から、**出てほしい役者さん**や**主題歌をお願いしたいアーティストさん**への声がけも始めます。

その次は、**具体的にどんな物語にするか**という段階に入ります。主人公像や舞台の設定、ドラマ全体の構成や大きな流れなどを脚本家と話し合って決めていきます。これが脚本作りの一歩目になる作業です。僕の場合、この作業にたっぷり時間をかけます。**ここで、どんなドラマになるかが決まる**からです。主人公を生かすには、どのような登場人物が必要になるか？　そのキャラクター設定は？　彼らの相関関係は？　そういったことを考え、話し合いながら、人物設定と相関図を作り上げていきます。ドラマプロデューサーの仕事の中で「脚本作り」というのは一番大きな仕事です。ですが、僕にとっては、**その前段階にあたるこの「設定作り」が最も重要です。**ここでそのドラマが面白くなるかどうか、勝負の大半が決まると言っても過言ではないと思っています。

そのあたりを綿密に計算しながら、どういうキャラクターが登場するのかを整理しつつ、周辺のキャスティングも進めていきます。

そして、もう一つ重要なのは、ドラマ全体の制作体制。どんなメンバーでこのドラマを作っていくか。いわゆる**「スタッフィング」**です。僕はここ数年、ＡＯＩ Ｐｒｏ．という会社のプロデューサー、唯野友歩さんとコンビを組んでいます。彼が僕の相棒です。彼がチームの大枠を整えてくれます。映画『帝一の國』で知り合って以降、『とんかつＤＪアゲ太郎』『キャラクター』『めぐる。』『ｓｉｌｅｎｔ』と映画やドラマを一緒に作ってきているので、僕の好みや求めるクオリティを熟知してくれており、**どんな人がこの作品に合うだろうかと考え、提案してくれます。**例えばカメラマン。誰の映像がこのドラマに合うだろうかと考えて撮影監督を選び、ベストな提案をしてくれます。同様にスタイリストやヘアメイク、またロケ地の手配などをする制作部といったスタッフに至るまで、**その作品の世界観を作るにふさわしいベストな人を見つけ出し、一緒に集めていきます。**

このあたりで**「チーム村瀬」**の仲間たちの顔ぶれが見え始めます。

企画実現までのケーススタディ①

『silent』

2つの要素を掛け合わせて設定を具体化

先ほど触れたように『silent』は、他の人が進めていた企画が様々な事情で壁にぶつかり、急遽実現した企画です。『silent』の企画を思いついたきっかけは第1章に書いたので、ここではさらに具体的に、**キャスティングや脚本作りといった企画実現に向けての動き**を解説してみます。

第1章でも説明した通り、『silent』が生まれた背景には**「泣けるラブストーリー」**と**「多様性」**という2つの要素があります。

「泣けるラブストーリー」という方向からのアプローチでまず考えたのは「今なら誰と誰のラブストーリーが素敵なのか」ということでした。どんなドラマでも「誰が演じるか」は大事ですが、特にラブストーリーは「ドラマの中で誰と誰の恋愛を描くか」という点が最も重要。**ラブストーリーにとってキャスティングは命です。**しっとりした泣けるラブストーリーをやるなら、と考えた時に思い浮かんだのが、川口春奈さんと目黒蓮さんでした。このキャスティングがベストだと思ったことに関しては、理屈ではなく感覚によるものとしか説明のしようがありません。根拠はないです。根拠はないけど、そう思った自分の感覚を信じました。

「多様性」についてのアプローチでは、脚本家の生方美久さんの力による部分が大きかったです。当時、まだ連ドラデビューもしていない生方さんとは、別の企画を一緒に練っている最中でした。そういう僕と生方さんが、急遽『silent』の企画を進めることになったのです。僕がドラマの原型となるイメージを生方さんに伝えたところ、彼女も「いいですね」と乗ってきました。そこから生方さんが作ってきた設定が**「好きだった人がある日いなくなってしまって、8年後に再会したら耳が聞こえなくなっていた」**というものでした。僕はその場で「これは素晴らしいドラマになる」という確証を得ました。僕が考えていた設定は「耳が聞こえない人の恋愛」でしたが、彼女が作ってきたのは「元々好きだった相手が、当時は聞こえていたのに、数年後に再会したら聞こえなくなっていた」という、一歩踏み込んだ内容です。僕は生方さんの設定を聞いて**「これなら多様性についてより深みのある描き方ができる」**と確信しました。

時代と人が変われば、すべてが変わる

言うまでもないことですが**「耳が聞こえない人のラブストーリー」という設定は、『silent』が初めてではありません。**過去には『愛していると言ってくれ』（1995年・TBS系）や『星の金貨』（1995年・日本テレビ系）、『オレンジデイズ』（2004年・TBS系）といった数々の名作がすでに存在しています。

過去の名作とテーマや設定が似てしまう、という状況はプロデューサーなら誰もが経験することだと思いますが、**僕は「過去作と似ていたとしても、やろうとしていることを堂々とやる」のが正しいと思っています。**

『ｓｉｌｅｎｔ』の企画発表の前から、「耳が聞こえない人のラブストーリー」を新企画として発表したら、みんなの脳裏に過去の名作が浮かぶことは分かっていました。だけど、僕はチャレンジしようと思ったのです。

チャレンジした理由の一つは**「時代が変わったから」**です。例えば、『ｓｉｌｅｎｔ』では「ＬＩＮＥ」で言葉にして気持ちを伝え合う場面が出てきます。でも、過去の名作が放送されていた時代に「ＬＩＮＥ」はまだありませんでした。

「ラブストーリーは、携帯電話ができたことで作りにくくなった」とよく言われます。携帯電話がなかった時代なら、恋人同士のすれ違いの場面を描くのは簡単でした。公園で恋人を待つ女性と、急な仕事で待ち合わせに遅れてしまう彼氏は、昔なら連絡のしようがなかったけど、今は携帯電話があるから「ごめん、ちょっと遅れる」と苦もなく連絡できてしまう。つまり、すれ違いの場面が描きにくくなったのです。

でも、と僕は思います。**携帯電話ができてラブストーリーの描写が変わったのなら、今度はそれを逆手にとって今の時代の描写をすればいい、**と。

「耳が聞こえない人のラブストーリー」は、大枠の設定が同じであっても、その時代によって描写が変わるはずです。「名作との差別化を意識する」とか難しいことを考えるまでもなく、**「あの頃と今では時代が違う」**というシンプルな話なのです。

もう一つ、過去の名作と同じような設定であったとしても『ｓｉｌｅｎｔ』で同じテーマにチャレンジしようと決めた理由があります。それは**「仮に同じ設定、同じテーマであっても、作る人が代われば別のものになる」**と思っているからです。『愛していると言ってくれ』はプロデューサーの貴島誠一郎さん、脚本の北川悦吏子さん、演出の生野慈朗さんや土井裕泰さんが生み出した名作ドラマです。僕にとって全員が大先輩ですし、ずっと憧れてきた方々です。でも、『ｓｉｌｅｎｔ』は、ずっと後輩の僕が、生方美久さんと、演出の風間太樹さんとで作るドラマです。僕はともかく、当時29歳の生方さん、31歳の風間さんという、**今の時代を生きている若い彼らの感性を生かして作ったドラマ**です。名作と似た題材であったとしても、まったく別のものになると信じて作りました。

天才じゃないからこそ自分らしく作る

僕は天才ではありません。誰も思いつかないようなことを考えるのではなく、**みんなが「そうだよね」と感じていることを僕も感じ、それを作品にしているだけです。**

「まだ誰もやったことのないテーマ」のようなものを探してしまう人も少なくないのですが、それが僕にはありません。自分が天才じゃない自覚があるから、誰もやらないことをやろうという気持ちが生まれない。むしろ、**誰かがすでにやっているテーマでも、僕の感覚で僕らしい作品を作ればいい**と思っています。

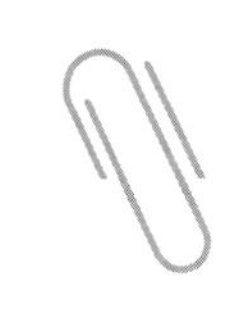

企画実現までのケーススタディ②

『14才の母 ～愛するために 生まれてきた～』

「自分たちの感覚で描けば、自ずと違うものになる」

僕のもう一つの代表作である『**14才の母 ～愛するために 生まれてきた～**』も、過去の名作ドラマと似ている設定になっています。その名作とは、武田鉄矢さん主演、小山内美江子さん脚本の『**3年B組金八先生**』（TBS系）です。この第1シリーズ（1979～1980年）の中に中学生の妊娠をテーマにした「十五歳の母」というサブタイトルの回があり、放送当時は社会現象になるほどの大きな注目を集めました。妊娠と出産を経て母親になる女子中学生を演じたのは杉田かおるさん、同級生の父親役は鶴見辰吾さんでした。

『14才の母 ～愛するために 生まれてきた～』を企画した時、当然のことながら「似ている」という意見はありました。でも僕は、**『3年B組金八先生』の「十五歳の母」とは違う描き方がある**と思っていました。「十五歳の母」が描いていたのは「もう堕ろせない、産むしかない」というところでのドラマでしたが、僕たちが描こうとしているのは「今なら堕ろせるけどどうする」という、**産むか産まないかの迷い**だったからです。それは「十五歳の母」では触れていなかった葛藤でした。それに、「十五歳の母」の放送から数十年経った今、中学生が妊娠することの意味合いも変わっているはずだと思ったのです。

『14才の母 ～愛するために 生まれてきた～』の脚本家である井上由美子さんは、この作品を執筆する前に、『3年B組金八先生』の脚本を書かれた小山内さんにお手紙を送ってくださりました。**「私なりにこういうテーマで、こういうドラマを描きたいのです」**と率直な〝想い〟を伝えてくださったのです。小山内さんからは丁寧なお返事をいただいたとお聞きしました。

『ｓｉｌｅｎｔ』も『14才の母～愛するために 生まれてきた～』も、過去に同じようなテーマの作品がありましたが、それを僕は恐れてはいませんでした。**差別化しようと躍起になるのではなく、自分たちの感覚で描けば、自ずと違うものになると信じていたからです。**

ヒットの理由はロゴデザインにあった『BOSS』

デザイナーのポスターがドラマのタイトルを決めた

企画書の段階で決め込んでおきたいのが、タイトルとキャッチフレーズ。ですが、『BOSS』の場合はタイトルを迷っている時期が長かったと思います。『BOSS』は脚本の林宏司さんが考えてくださったタイトルですが、ほかにも嘘を暴くという意味の『ダウト』とか、女神を意味する『ゴッデス』とか、女性刑事でボスだから『ボッセス』なのかな、とか。しばらくの間、そんな案をいくつも考えつつ、『BOSS』を仮タイトルとして企画を進めていました。
その仮タイトルが正式タイトルに決まったのは、**デザイナーさんとのポスター打ち合わせ**の時でした。その席でデザイナーさんが不意に、手錠を使ったデザイン案を出してきたのです。後に採用され、実際に皆さんも目にした、手錠を組み合わせて『ＢＯＳＳ』の文字を表現したあのデザイン（Ｐ14参照）です。超絶スタイリッシュで、しかも手錠の色がピンク。これを見た瞬間に、僕は**「めっちゃかっこいい！」**と心を掴まれてしまい、その場で正式タイトルを『ＢＯＳＳ』に決めました。

これは、デザイナーさんのポスター案があまりにも素晴らしくてタイトルを決めたっていうちょっと珍しい例ですが、これはこれで僕らしいとも思います。**僕の船に乗ってくれた人のおかげでタイトルが決まった、**というのが僕らしい。僕は人の意見を聞くのがすごく好きで、自分以外の人から出てきたアイデアにどんどん乗っかるタイプ。どんな人から出た意見だろうが、自分にとって腹立たしい意見だろうが、ぜんぶ受け止めていく。**チームプレーなんだから、どんなアイデアでも「これはいい」と感じたものはどんどん採用し**

ていきます。それが作品の成功に繋がるわけですから。

なんとなくですが、僕のそういう面だけは『BOSS』の天海祐希さんと重なっているような気もします。『BOSS』の主人公・大澤絵里子は、有能だけど変人な部下たちを上手にまとめ上げて、事件を解決に導いている。そういうかっこよさがあるし、僕自身もそういう上司に憧れています。残念ながら僕には天海さんのようなかっこよさは皆無ですが……そういうふうに、自分と重なる部分を勝手に実感していたこともあって、企画の初期段階から**「さっさと逮捕して、遊びに行くわよ」**というキャッチフレーズは自分の中で揺るがないものとして決まっていました。このキャッチフレーズは、企画書の1ページ目にドンと書いてあります。**タイトルが仮のままだったとしても、キャッチフレーズ1個でもいいから揺るがない何かがあれば企画書は作れる、**ということでもあります。

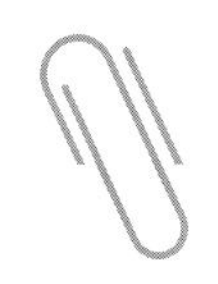

ヒット作の企画書を公開

『キャラクター』

フジテレビ+東宝　オリジナル映画企画

キャラクター
CHARACTER

企画/川村元気(東宝)　プロデュース/村瀬健(フジテレビ)

**合計3枚の
シンプルな企画書**

※本企画書は『キャラクター』の企画スタート時に、
　村瀬プロデューサーが社内で提出したものです。
　実際に完成した『キャラクター』の内容とは異なる箇所がございます。

もしも、殺人事件の
「目撃者」が「漫画家の卵」で、
実は犯人の顔を見ていたにも関わらず
それを誰にも言わずに秘密にし、
何食わぬ顔でその犯人の顔を
"キャラクター化"して、
「殺人犯を主人公にした漫画」を
描いたとしたら……??

【登場人物】

山城圭吾　"本物の殺人鬼"の顔を描いてしまった漫画家

明るい家族に反して、本人の性格は引っ込み思案そのもの。漫画の才能には偏りがあり、絵の才能はピカイチだがストーリー性には難がある。ジャンルとしてはサイコホラーを描きたいのだが、生来のお人好しな性格がゆえに人のダークな部分を描くことができないでいる。創作の糧になるような世間への不満も特にない。

そんな漫画家の卵が【ある事件】の目撃者となることをきっかけにして、突如としてリアルなもの描き出すことになる。本当の現場より漫画の方がずっと緩い。ディテールまで正確に描いた彼の漫画は世間に受け入れられ、漫画家として売れっ子となる。

だが今度は自分の漫画の模倣犯が出現してしまう。苦労してようやく手に入れた漫画家としての成功。愛しい家族を養う責任。漫画家はやはり続けなければと思う一方で、それを続けることは犯罪へと加担することでもある。山城は葛藤に苛まれることになる。

両角　モロズミ　本来ならこの世に存在しないはずだった殺人鬼

両角はいわば存在しない人間なのだ。彼が産まれた際に母親は出生届を出さなかった。（「DVがバレないように」「前の旦那と別れた」などの理由から）なので戸籍のどこを探しても彼の名前は載っていない。小学校も行っていなければ、一緒に遊ぶような友達もいない。自分のことを打ち明ける理解者などいるはずもなく、ずっと孤独に生きてきた。

その環境は彼をごく自然に犯罪へと誘いこんだ。両角にとって犯罪は生きる上で当たり前のこと。大きな犯罪を起こすたびに新たな戸籍を買い、彼の中に人を増やして生きることになった。

人生は絶望的だと思っていた矢先、自分の犯罪を美しく描く漫画家・山城の存在を知る。両角は「生まれて初めての理解者を見つけた」と最上の喜びを感じた。「自分の犯罪が芸術である」という事実を、分かち合える相手をようやく見つけられたのだ。迷わず山城の元へと向かった。


【企画概要】

■原案：長崎尚志
漫画「MONSTER」「20世紀少年」「PLUTO」「BILLY BAT」他 浦沢直樹作品 ストーリー制作
「クロコーチ」「ディアスポリス」原作
小説「闇の伴走者」「バイルドライバー」「ドラゴンスリーパー」他

■監督：永井聡
映画「恋は雨上がりのように」「帝一の國」「世界から猫が消えたなら」「ジャッジ！」
CM「サントリー天然水（宇多田ヒカル）」「カロリーメイト（満島ひかり）」他多数

■脚本：長崎尚志・永井聡

■企画：川村元気
映画「天気の子」「来る」「君の名は。」「SUNNY 強い気持ち・強い愛」「怒り」「バクマン。」
「何者」「バケモノの子」「寄生獣」「モテキ」「悪人」「告白」他
小説「世界から猫が消えたなら」「億男」「四月になれば彼女は」「百花」

■プロデュース：村瀬健
映画「約束のネバーランド」「信長協奏曲」「帝一の國」
連続ドラマ「いつかこの恋を思い出してきっと泣いてしまう」「信長協奏曲」「SUMMER NUDE」
「BOSS」シリーズ「14才の母」他

■撮影スケジュール：2020年5～6月（予定）

■完成予定：2020年12月（予定）

■上映時間：2時間以内

■共同出資者：フジテレビジョン、東宝

■総製作費：調整中

■制作プロダクション：AOI Pro.（アオイプロ）

■製作幹事：フジテレビジョン

設定だけで魅力が伝わる3ページの企画書

映画『キャラクター』（2021年）の場合は、企画書よりも設定の方がキモになっています。**才能があるのに売れない漫画家が主人公で、人を描けない、人の心や悪意が分からない、そんなふうに悩む漫画家がある日、殺人事件を目撃してしまう**、というのが物語のとっかかりです。彼は人が良すぎるせいでサスペンスを描きたいのに描けない。でも、たまたま殺人事件を目撃し、殺人犯の顔を見てしまう。文字通り本物の〝悪の顔〟をした犯人の姿をはっきりと見てしまった彼は、警察には言わずにその顔をスケッチし、その顔を主人公にしてサスペンス漫画を描いたところ大ヒット。すると〝悪の顔〟の本人がやってきて**「これ僕ですよね。僕を描いてくれてありがとう。あなたのためにこれからも人を殺しますよ」**と告げられる。さあ、どうしよう……という設定です。これは、『20世紀少年』や『MONSTER』などで漫画家の浦沢直樹さんと一緒にストーリーを作ってきた作家の長崎尚志さんが作り上げたアイデアで、**この設定が最高に面白かったので、映画の企画としてスタートしました。**

この映画の場合、**この設定さえしっかりと書いておけば、企画の魅力は伝わる。**だから、企画書は3ページだけでもいけたんです。そういう時は、余計なことは書かない方がいい。それもテクニックの一つです。この映画において、もう一つ大事なのは、いったい誰がこの二人をやるのかというキャスティングの部分ですが、企画書の段階ではキャストは誰も決まっていませんでしたので、あえてそこには触れませんでした。それでも、**設定だけで「この話、面白そう」ということは十分に分かってもらえると思ったので、3ページの企画書を用意しました。**ちなみに、後に決まったキャスティングは、売れない漫画家が菅田将暉さん、殺人鬼がFukase（SEKAI NO OWARI）さん。結果的に、これ以上ない最高のキャストで実現できたのは、この最高に面白い設定があったからでした。

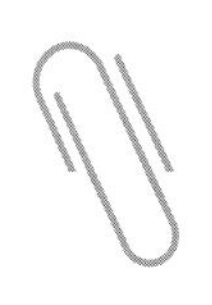

企画書が果たすべき2つの使命

自分の〝想い〟を2つの角度で見せる

端的に言うと、**企画書は「僕はこれをやりたい」というものをまとめた文書です。**

そして当然のことながら、企画書は様々な人の目に触れるわけですが、「僕はこれをやりたい」という自分の〝想い〟を一本調子で語るのではなく、**2つの角度から見せる必要があると**思って書いています。

その一つ目は、**脚本家、監督、出演者、といった自分の仲間になる人たち、つまり同**

じ船に乗ってもらう人たちに「一緒にやろうぜ、この船に乗ろうぜ」という自分の気持ちを見せるという角度。逆に言うと、仲間たちに「これなら一緒にやりたい」と思ってもらえるような見せ方です。

もう一つは、**サラリーマンである僕が、上司や編成など決定権を持つ会社の人たちにアピールするという角度。**「この企画、面白そうでしょ。これにベット（確信をもって信じる）しませんか？」という見せ方になります。つまり、「これ、当たりそうでしょ？ 当たりますよ、絶対！」というやつです。正直なところ、本当に当たるかどうかなんて分かりません。それが分かるなら、僕はきっと、ディズニーランドならぬ「村瀬ランド」を作れているはずです。でも、「当たるかも」と思わせることはできます。**「これは絶対に当たります！」を、自分なりの根拠と共に語り、決定権を持つ人に「確かにこれは当たりそうだな」と思わせる。**そのための書き方、見せ方を僕はいつも意識しています。

この2つは、**外部向け**と**内部向け**であり、**情熱的な見せ方**と**実務的な見せ方**と言うこともできるかもしれません。、僕は企画書を作る時、この2つの見せ方を意識しています。

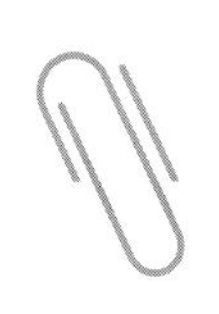

企画書は見た目が9割

企画書の表紙には一枚の写真

先ほど、企画書の「2つの見せ方」という話をしましたが、見せ方は2つでも目的は一つです。それは、**相手に「面白い」と思わせること。**「つまらなそう」と思われて企画書のページをめくる手が止まるのは、こちらとしては絶対に避けたいことです。極論ですが、企画書は相手に見せた瞬間に「面白そう」と思わせるくらいの方がいい。ということは、**企画書の表紙が大事**になってきます。

企画書の1枚目を見た時に「面白そう」と思わせるためにはどうすればいいか。僕のやり方は、**表紙に写真を一枚だけドンと置く**、というスタイル。表紙に置く写真の絵柄は、その企画のイメージを自分の中で膨らませていった先にあるような、企画を象徴するものにします。

『silent』の企画書の表紙にも、一枚の写真を置きました（P4参照）。真っ白な雪原の中に木が一本だけ立っていて、その向こうにはうっすらと穏やかな日差しが差し込んでいる写真です。

劇中に雪原のシーンは一回も出てきません。だけど、僕の中では『silent』の企画を思いついた時のイメージがこの雪原でした。『silent』というタイトルもこのイメージと同時に決めていたので、『silent』というすべて小文字のアルファベットも、雪原に立つ一本の木とともに企画書の表紙に入れ込んであります。

この本の中で何度か「同じ船に乗る」という言い回しで、企画を進める仲間たちについて語ってきました。その**船の旗印**となるのが、企画書の表紙のイメージなのかもしれません。**チーム全員で一つのイメージを共有するという意味でも、企画書の表紙にはかなり**

こだわっています。

見せる相手に合わせて微修正

細部の話になりますが、企画書の**色使い**や**フォーマット**などにも注意を払っています。色使いやフォントは、企画書の見た目を少しでも良くするために手をかけている部分。企画書のタイトルを何色にするか、文字の大きさをどうするか、それだけで2時間くらいかけることもあります。企画書のフォーマットは、過去に自分が作ったものをずっと使い回しています。PowerPointのデザインを使いつつ自分なりに作り上げたスタイルなので、パッと見の印象がほかの人の企画書と被ってしまう、ということがまずありません。

それに、**同じフォーマットを使い続けていると、レイアウトを見るだけで僕の企画書だということが伝わる**というメリットもあります。フジテレビの上層部や編成の皆さんはきっと、表紙を見ただけで僕の企画書と分かってくれているんじゃないかと思っています。

また、**見せる相手に合わせて企画書の見せ方を少しずつ修正する**ことも少なくありません。役者さんに見せる時には、その人の役どころが一番分かりやすくなるように説明を増やしたりします。

「見た目」の次に大事なのは「分かりやすさ」

当然ですが、どれだけ見た目が良くても、中身が分かりにくい企画書ではダメ。**企画書で「見た目」の次に大事なのは「分かりやすさ」です。**かと言って、長々と文章で説明するのも逆効果だと思います。僕がドラマや映画の企画書を作る時に目指している分量は、できれば1ページか2ページ、多くても5ページくらいまでです。そして**5ページ見たら中身が分かるように、内容を簡潔にまとめる**ことを意識しています。

5ページで表現できないような面白さも世の中にはあるのでしょうが、**簡単な説明で伝わらないものは、作品が完成しても結局は伝わらない**、と僕は思っています。なので、企画書を作る時には、分かりやすくできないなら企画自体を捨てる、面白い企画書にならないのであれば中身もきっと面白くない、そういう感覚で作っています。

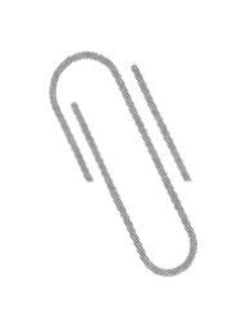

AIはエモい企画書を作れるのか？

企画書はラブレター

ご多分に漏れず、うちの会社でも少し前にＣｈａｔＧＰＴが話題になったのですが、同僚の中には試しにＣｈａｔＧＰＴに企画書を作らせた人もいました。その同僚によると**「ＣｈａｔＧＰＴはそれなりにいい企画書を作ってくるけど、エモさがない」**とか。エモさがない、というのは、情熱がないとか、この企画を実現したいという〝想い〟が伝わらないとか、色々ありますが、とにかくエモさがない、と。「こういう気持ちの部分は、やっぱりＡＩにはできないんだな」とその同僚は納得していました。

ＡＩと張り合うわけではありませんが、**僕の企画書にはそういう〝想い〟はかなり乗っている**と自負しています。**「絶対にこれをやりたいんです！」**とか**「必ず当てます！」**とか、そういう気持ちで企画書の隅々まで埋め尽くされている。

企画書はラブレターみたいなもので、自分の〝想い〟を相手に伝える場です。人の〝想い〟は、企画書を作った人から企画書を見る人へ、ちゃんと伝わっていくものだと信じています。だから、伝わるように書いた方が、絶対にいい。そう思っているから、僕は、ＡＩには企画書作りを任せないし、自分と同じようなエモい企画書はＡＩには作れないはず！と思っています。

川口春奈

――村瀬さんの第一印象は？

熱い人、ですね。衣装合わせが最初だったんですけど、私が降りるフロアでエレベーターのドアが開いたら、ドアの前、しかもドアが開いたら目の前にいるくらいの距離で待っていてくださって。エレベーターを降りてから衣装合わせをするお部屋までの道中も、ずっと「ありがとう！」「出てくれてありがとう！」と。この人熱いな、って思ったのが第一印象です。

――『ｓｉｌｅｎｔ』という作品について、撮影前にどんなことを感じましたか？

完全オリジナルの生方（美久）さんの連続ドラマデビュー作で、村瀬さんからは「本当に生方さんは才能がすごくて」と伺っていました。最初に見せていただいたのは脚本という形になる前の企画書でしたが、キャラクターや舞台設定が細かく想像できるぐらい詰めて書いてあったんです。受け取った企画書を見て、村瀬さんの熱い想いや愛情がここに〝乗って〟いるなと感じました。

――その熱い想いを感じて、『ｓｉｌｅｎｔ』への出演を決めた？

本（台本）がすごく良かったというのが出演を決めた最大の理由です。まだ第１話か

第2話くらいまでしか上がっていませんでしたが、私は生方さんの本にすごく惹かれました。その上で、難しさのある役どころだけどチャレンジしてみたい、熱い気持ちを持った村瀬さんに〝乗って〟みよう、という気持ちも私の中に湧き起こってきました。

——一緒に仕事をしていく中で、プロデューサーとしての村瀬さんにどんな印象を持ちましたか？

ドラマのプロデューサーさんって色々なタイプの方がいますが、村瀬さんは本、キャラクター、演出など様々な提案をしていくタイプだと思うんです。私は村瀬さんみたいなタイプの方と出会ったことがなかったので、そういう部分がすごく新鮮でした。とにかく何でも介入してくるんです。

——何でも介入（笑）。

衣装からビジュアルからメイクから本作りから、本当に何でも。プロデューサーの域を超えてるなっていうのは感じてましたね。この作品に一番入り込んでいたのは、村瀬さんだったかもしれない。番宣のためとはいえ、テレビにも出まくっていたし。テレビに出たがるプロデューサーさんは私あんまり好きじゃないって、書いといてください（笑）。ただ、そういう村瀬さんであっても、何でもかんでも介入してくるから嫌、みたいなネガティブな感覚はまったくなかったです。逆に、そういう村瀬さんのスタイルを面白いなと思っていました。

——村瀬さんは周囲から「作品愛がなかったらこの人、詐欺師です」みたいなことを言われることもあるそうです。川口さんは村瀬さんに「騙された」と思ったことは……。

騙されたというか、騙されてばっかりだった（笑）。いい意味でも悪い意味でも、人を巻き込んでいくのが村瀬さんのやり方なので、スタッフさんは大変だと思います（笑）。

——撮影中の苦労も多かったのでは？

今回は手話があったので、役者としてはいつも以上に早く本が欲しかったんです。でも、村瀬さんはやっぱり情熱がある人だから、ギリギリまで粘るんですよね。「申し訳ないけど、とにかくいい本を待っててくれ！」みたいなことを言われて、騙されちゃう。村瀬さんの意見は分かるけど、こっちはこっちで大変なんだよなぁ……っていう葛藤は正直ありました。でも、これも「だから嫌だった」という話ではなくて。こういう村瀬さんについていこうと決めて今回の現場に入ったわけだし、経験できて良かったなと思っています。

──『silent』は、脚本家の生方美久さんは初の連続ドラマ、風間太樹監督もゴールデン・プライム帯の連続ドラマを手がけるのは初めて、というチームでしたね。

風間監督は映画出身で、撮影ペースが映画並みにゆったりしていたんですよね。連続ドラマってテンポよく撮影しないと間に合わない、みたいなところがあるんですけど、撮影監督さんとか照明さんとかもCMの方が来ていて、連続ドラマをやってなかったスタッフさんも多かったと思います。だから、最初のうちはとにかくめちゃくちゃ時間がかかりましたね。でも、そういうスタッフさんが集まったからこそ、映像の美しさも評価されるドラマになった。役者のキャスティングだけでなく、スタッフさんを集めるという面でも、村瀬さんの妥協のない姿勢が出ている気がします。主題歌のヒゲダンさん（Ｏｆｆｉｃｉａｌ髭男ｄｉｓｍ）のところにも、企画書をギチギチに練り込んで持っていった、と聞きました。

――村瀬さんのドラマの作り方で、ここが特徴的だなと思う部分は？

やっぱり先ほども話題に上ったように、村瀬さんがリーダーとしてすべてに関わっていることですね。キャスティングもドラマ全体の構成も１話ごとの本作りも、作品の軸となる部分には必ず関わっている。村瀬さんの下で頑張っているスタッフは本当に大変だと思うんですけど、そこは尊敬できるところです。プラス、これは村瀬さんというよりも『ｓｉｌｅｎｔ』チームの作り方と言った方がいいかもしれませんが、撮影中に感じたのは〝緻密さ〟です。脚本家の生方さんはリアルを追求する方で、通常の台本では、ふわっとした曖昧な部分もあったりしますが、生方さんの本では、そういう箇所で色とか匂いとか味とか、そういうものを感じさせてくれる。私自身『ｓｉｌｅｎｔ』が終わった後、ほかの作品の台本を読み込む時に、今までなら感じなかったようなキャラクターの細部まで、自分の気持ちを向けるようになりました。本の読み方、キャラクターの掘り方、みたいなものが『ｓｉｌｅｎｔ』での経験によって少し変わった気がします。

――『silent』が終わって、村瀬さんにどんな思いを抱かれていますか？

村瀬さんは最初から最後まで、熱い人なんですよ。最初にお話をいただいた時から「絶対にいいドラマにする」って力強くおっしゃっていて。本が遅れている時も「次の本はヤバいくらい感動するよ」とか「○話の編集しながら泣いたよ」とか、自分の気持ちをぶつけてきてくれるんです。だから「騙された」とは言いましたけど、そういう熱い気持ちに流されるのもいいかな、と思っちゃう。それと同時に、村瀬さんとお仕事する時はやっぱり腹をくくらないといけない。生半可な気持ちでは挑めない、この身を投げられない、っていう気持ちもあります。一ファンとしては、村瀬さんの頭の中にどんな作品があるんだろう、どういうことを仕掛けていくんだろう、と今後の村瀬さんの企画を楽しみにしています。

――ありがとうございました。

第3章

人を巻き込むために汗をかく

企画を推進させる
決断力＆行動力の磨き方

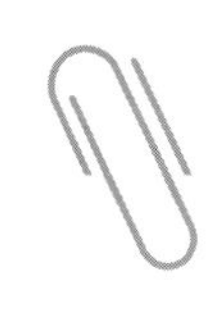

「企画推進力」はプロデューサーの最も重要な能力

絵に描いた餅はどこまでいっても絵でしかない

第1章と第2章では企画力について書いてきましたが、企画が企画だけで終わってしまうのはもったいないこと。**最終目標はやっぱりその企画を実現することだと思います。**特に、ドラマや映画の場合は、作品が完成して初めて意味や価値が生まれてくる。どんなに素晴らしいアイデアでも、作品になって世に出ることがなければ、それは存在しないのと同じとすら言えます。絵に描いた餅はどこまでいっても絵です。**本当に餅を焼き、そ**

の餅をお客さんに美味しく食べてもらいたい、と僕は思っています。

企画を実現するための力＝「企画推進力」は、僕が最も重視している能力です。

企画推進力を3つの要素に分解

企画推進力というのはどんな能力のことを指すのか。大きく3つの要素に分解して説明してみましょう。

1つ目の要素は、**自分のやりたいことが何なのかを把握し、認識すること。**つまり、自分の中にやりたいことが100個あるとして、その中で一番やりたいものは何なのか、譲れない部分はどこなのかをまず把握しておく。自分の中にある100個が全部実現できるなら考える必要はないかもしれませんが、100％実現することは相当難しい。だからこそ**「これだけは実現したい」「これだけは守りたい」というものを認識しておく**ことは大切です。

2つ目は、**企画を実現するために何が必要か、しっかりと見極めること。**企画実現の道程を船出にたとえてきましたが、そもそも僕一人では出航すらできません。まず、企画という船そのものがいるし、その船を動かすために力を貸してくれる船員を集めないといけない。では、船の大きさはどのくらいだろうか。船員はどのくらいの人数で、どんな能力を持つ船員を探すべきだろうか。最初に必要な船員は料理人だろうか、それともエンジンを動かす機関士だろうか。そうやって細かく考えながら必要なものを見極めていく。予算だったりスケジュールだったり、企画ごとに必要となる事柄の優先順位はケースバイケースですが、**僕はまずどんなチームを作り上げるかを考えます。**

3つ目は、**実際に仲間を集めていくためにどうするかを考えること。**第2章で「面白そう」と思ってもらえる企画書の重要性を説明しましたが、面白そうな企画書がどうして必要なのかというと、仲間を集めるため、仲間になってほしい相手を口説くため、です。企画の初期段階では、会社や上司をこちらの味方につけなくてはゴーサインが出ません。そして、ドラマ作りはチームプレーなので、仲間になってほしい人を口説いて僕のチームに引き込まないといけない。**誰を口説くべきか、どうやって口説くのが効果的か、**そういったことを考えながらチーム作りを進めていきます。

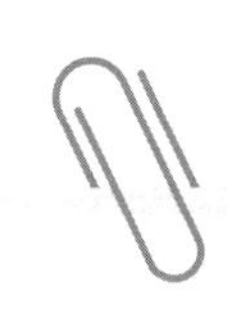

目的地をはっきりと提示する

行き先の分からない船には乗りたくない

チームができて、いよいよ船を出してこのチームで企画を進めていくぞ、となった時に、旗振り役のプロデューサーが必ずやらなくてはいけないことがあります。それは、**目的地をはっきりと提示する**、ということです。

企画書を見せて集まったんだから目的地はすでに分かってるだろう、ではダメです。企画を推進していく上で、**「僕はこれがやりたい」「僕はあそこへ行きたい」**と示さなくてはならない場面が何度も訪れます。ドラマ作りの現場なら、キャスト、監督、撮影監督、編集マン、美術デザイナー、スタイリスト、そしてその先には広報まで含めて、すべての仲間たちに**「僕がやりたいのはこういうものです」**というのを伝えないといけない。伝えるだけじゃなくて、分かってもらわないといけない。なぜなら「何をやろうとしてるのか分からない」という状態では、相手は船に乗れないからです。それは当たり前の話で、どこに向かうか分からない船には僕だって乗りたくない。それに、目的地が分からないままでは、仲間たちも自分のポジションがどこなのか、どういう力を発揮すればいいのか、迷ってしまう。これではチームとしての力も下がってしまいます。最終的に目的地に辿り着けないケースもなくはないですが、**少なくとも船を出す時には目的地をはっきりと明言して、チーム全員が同じ目的地を見て船を進めている、というのは重要なことです。**

目的地を提示する時に「あそこを目指すから俺についてこい」という言い方もあるのでしょうが、僕の場合は**「一緒に行ってほしい」**というスタンスで話をすることが多いです。場合によっては**「あそこに行きたいから、あなたの力で僕たちを連れていってほしい」**という言い方もします。これは相手に頼りきりなのではなく**「僕もチームのみんなもあ**

そこに向かって努力する。でも、それだけでは足りないからあなたの力を貸してくれ」ということ。とにかく僕は「俺がチームを遠くへ連れていってやる」ではなく**「このチームなら全員でもっと遠くへ行けるはず」というイメージでチームをまとめる**タイプです。

ちょっと余談になりますが、僕はチーム作りに、青春っぽいイメージを持っているのかなという気もします。例えば、映画『キャラクター』の時に組んだのは、奇抜なストーリーを考え出す作家・長崎尚志さん、映画界の名プロデューサー・川村元気さん、新進気鋭の鬼才映画監督・永井聡さん、そしてドラマプロデューサーの僕、という4人でした。仕事もバラバラで、それぞれの作風も違う。めちゃめちゃ仲良しというわけでもない4人が、友人のような、仕事仲間のような、でも少し違うような、不思議な距離感で繋がっていました。さらに、そこへ菅田将暉さん、Ｆｕｋａｓｅさん、ＡＣＡね（ずっと真夜中でいいのに。）さんという若い才能も加わってくれた。**こういうふうに仲間を探してチームを組んで、さらに仲間が増えていってチームができあがっていくというのは、高校時代にバンドを組んでいた気分とどこか似ている気がします。**隣のクラスのアイツ、話したこともないけどギター上手いからバンドに誘ってみるか。そんな感覚に近いのかもしれません。

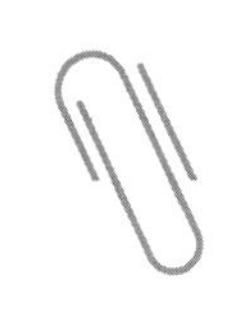

信じるべきは自分自身

持っておきたい「折れない心」

企画を進めていくと、様々な障害にぶち当たります。これはもう避けようがないし、そういう障害を上手く処理して越えていくのがプロデューサーの仕事でもあります。その時に求められるのは、**やっぱり強いメンタル。折れない心が必要だと思います。**

長い間プロデューサーをやってきて感じるのは、**自分のやりたい企画を通すのはそんな**

に簡単ではない、ということです。作品として形になった企画は皆さんの目に触れますが、形になっていない企画も山のようにあります。その中には、10年以上も提案し続けているのに、いまだに通らず実現できていない企画もある。

企画会議で出したのにみんなからは微妙なリアクションしか返ってこないとか、手をつけてみたもののなかなか進まなくて頓挫してしまうとか、**うまくいかない企画は僕にもいっぱいあります。**

でも、1回や2回うまくいかなかったからといって、「もういいや」「ダメだ」と言って投げ出していたら、プロデューサーなんてやってられないし、そういう人はこの仕事には向いていないからやめた方がいいかもしれません。できないものがたくさんある中で、それでも自分のやりたいものを通していくしかないんだから「企画は通らなくて当たり前、通ったらラッキー」みたいな気持ちでチャレンジしてみる。**企画が現実になるまでにぶち当たる様々な山や壁を乗り越えようとアタックしてみる。**そういう精神力の強さは絶対に必要です。

僕もよく「目の前にあるこの山の登り方が分からない」みたいなことをSNSでつぶや

くことがあります。「どうしても向こう側が見たいから、どうしてもこの山を越えたい。登ってダメなら掘ってみるとか、穴を開けてみるとか、横から行ってみるとか、何か違う手はあるはずだ」みたいなことを投稿していて、後から読み返すと「何をポエムみたいなこと言ってるんだ」と恥ずかしくなったりもする。だけど、**その瞬間の僕は、本当にその山を越えたいと思っているんです。**上からじゃなくて下から行ってみるとか、抜け道を探すとか、あの手この手で越えようとする。そういうアイデアも、タフな精神力がないと出し続けられない。ちょっと根性論に聞こえてしまうかもしれないけど、越えられない山を目の前にして「それでも越える」っていう感覚を持てないのは、企画を推進するプロデューサーとしてはダメだと思います。

「それは村瀬さんには根性があるからできること。根性がない人間にはできない」という意見もあるかもしれませんが、それは違うと思います。ここで僕が話しているのは、実は根性論ではなくて、**どれだけの〝想い〟を持っているか**、という部分なんです。**どうしても実現したい、という〝想い〟が自分の中にあれば、そう簡単にはあきらめられないはずなんです。**

人の意見は適度に聞いて適度に聞かない

実際に企画を推進していく最中は**「自分を信じる」**ことを忘れてはいけないと思います。先ほど「企画を進めていくと、様々な障害にぶち当たる」と書きましたが、その障害の中には周囲の意見も含まれています。周りの人からもらう意見は大切にしたいし、耳を傾けるつもりもあります。でも、ほかの人の意見をすべて聞くことなんてできるはずがない。途中で「これ、本当に面白いの?」「本当にそれでいいの?」「本当にできるの?」などと疑問を投げかけてくる人もいっぱいいます。**時には意見を聞かない勇気を持つことも大事です。**色々な人が言ってくる色々な意見は、**適度に聞いて適度に聞かない。それが「自分を信じる」ということでもあります。**

人の意見を聞かない、というのは結構勇気が必要なことだと思います。相手に嫌われることもあるだろうし、意見を聞かずに結果を出せなかったら信用を失うこともあるかもしれない。僕も最初の頃は、人の意見を聞かずに自分の考えを貫こうとしてたくさん痛い目を見たし、辛い思いをすることもたくさんありました。何ヶ月か上司に口をきいてもらえなかったこともあります。でも、それなりに結果を出し続けてきたおかげで、今はそういう苦労がだいぶ減ったと思います。自分のやり方を押し通す時に**「俺が言ってるんだから信じてほしい」**と言えるようになり、相手にも**「村瀬が言うなら仕方ない」**と渋々でも思ってもらえるようになった。こういう状態になるまでには時間もかかるし、苦労も多いのですが、**自分を信じる力は企画を推進する上で絶対に必要な能力です。**

信頼できる人の意見は素直に聞く

企画を進める時に信じるべきは自分自身。これは間違いないです。そもそも自分が「面白い」とか「いいな」とか思えるものが企画の出発点だから、そこは揺るがない。

では、自分を信じて企画を推進していく中で、人の意見を取り入れるのはどういう時か。これはもうシンプルかつ分かりやすくて、**その意見に僕が「面白い」と共感できた時**です。面白い作品がもっと面白くなるなら、取り入れるに決まっています。

もう一つ、自分には理解できない意見でも、**信頼している相手からの意見は取り入れ**

る方向でいったん考えてみたりします。信頼というのは、いい作品を作った人だからというようなクリエイティブ面での信頼だけではなく、**その人が持っている人間性に対する信頼も含みます。**

例えば、ある作品の現場でこんなことがありました。スタッフの中に、いつもすごく笑顔でみんなから愛されている制作進行の女性がいました。制作進行というのは、現場を円滑に進めるために、スタッフ・キャストみんなの力になってくれる縁の下の力持ちのような存在です。彼女と僕は、クリエイティブの部分で話をしたことは一度もなかったけど、ある日の現場で僕がお弁当を食べている時に、彼女とこんなやりとりをしました。

「村瀬さん、ちょっと話してもいいですか?」「全然いいよ。何?」

「あのシーンのあのセリフ、なくなっちゃいましたよね。**私、あのセリフが一番好きだったんです**」「あ、そうなんだ」

「私、原作も大好きだったから、このチームに入れて嬉しかったんです。準備稿にはあのセリフあったんだけどな。**決定稿でなくなってたから、結構ショックです**」

彼女はいつものようにニコニコと笑いながら僕に話しかけてくれて、それは何気ないやりとりでしたが、お弁当を食べ終わった後も、彼女との会話が僕の心に引っ掛かり続けました。そのセリフを削ったのは、もちろん検討した上で決めたことです。でも、彼女の言う**「結構ショック」という言葉は間違っていないような気がして、僕は彼女の意見を取り入れて、そのセリフを復活させることを決めました。**その後、俳優さんからも「私、このセリフ戻してほしいって言いたかったの」と言われて、「制作進行のあの子に言われて戻したんです」と答えたら、その経緯も含めてすごく喜んでくれました。

　結局、信じるべきは自分自身と思っていても、自分の方が間違っている、なんてことも多々あるのです。それを自分でも分かっているからこそ、**信頼している人の意見には素直に耳を傾けます。**脚本打ち合わせや美術打ち合わせなどでも、そういう場面は日常的にあります。自分だけが「Ａがいい」と思っていて、僕以外のみんなが「Ｂの方がいい」と意見が割れた時に、僕は意外と素直に「分かりました。じゃあＢで」と言ったりもします。**なぜなら、その場にいるのは全員、信頼できる仲間だからです。**そういう仲間がみんな「Ｂがいい」と言うのならたぶん僕が間違っているのだろうと思えるわけです。

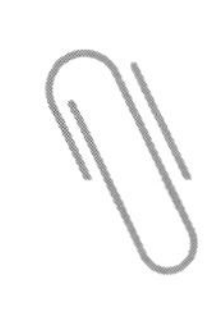

自分と相反する意見が出た時

まずは「なるほど」と受け止める

自分の意見とは違う意見を耳にした時、僕はたいていの場合「なるほど」という言葉で相手の意見を受け止めます。

そもそも僕は、自分に絶対的な自信を持っているわけでもないし、天才でもありません。自信家に見えるかもしれませんが、決してそうではない。**いいアイデアを言ってくれるなら、それは自分のためになるから吸収したいといつも思っています。**だから、どんな反対意見でも「それは絶対にない」とはならないし、本当に「なるほど」という気持ちで耳を傾けています。

別のケースとして、**こちらに言いたいことがある時に、まずは「なるほど」と肯定的な言葉で受け止めてから本題に入る、**というのもあります。例えば、脚本家から脚本をもらって、直したいところがあるというシチュエーション。いきなり「ここを直してほしい」と切り出すのではなく、**いったん「なるほど。今回も面白いですね。このセリフいいですね」と言ってから「で、ここなんですけど」と本題に入っていく。**これはどんな職種の人でも、誰もが仕事相手と話す時に役立つことでしょう。

「違うと思ったら言って」と言えるわけ

反対意見というのは、はっきりと言ってもらえないこともあります。**「こうしたらいいのに」と思っていることがあるのなら、僕はその意見を聞いてみたい。**だから、チームの仲間たちには「違うと思ったら全然言って」と伝えていますが、そうやって伝える目的は2つあります。

一つは先ほども書いたように、**いいアイデアなら吸収したい、と本当に望んでいるから**です。僕の仕事の進め方はぎりぎりまで粘るタイプで、最後の最後までより良いアイデアを求めています。作品をもっといいものにするためにチームの誰かが「こうしたらいいのに」と思っていることがあるなら、聞かない手はありません。

もう一つは僕の本音の部分ですが、**何も言われないまま「つまらない」と思われている、という状況が嫌い**なんです。〝想い〟を詰め込んだ作品を作っていて、そのために〝想い〟を共有してくれる仲間を集めて、目的地を目指してみんなで船を漕いでいる、という状況で、内心は「つまらない」と思っている仲間が同じ船に乗っているのが嫌なんです。誤解しないでほしいんですが「俺の作品を面白がれ」と命令したいわけではありません。でも、黙ったまま陰口みたいに「つまらない」と思われているのが非常に嫌で。面白くなかったら「面白くない」とはっきり言ってほしい。

実際、僕のチームの仲間たちは「面白かった」「つまらなかった」とはっきりと言ってくれます。僕よりも年配の美術スタッフが「村瀬、実は先週の本、すっげえつまんないと思ってたんだけど、今週のは面白かったよ」と言ってくれたり。**僕にとっては、誰かが「面白い」「つまらない」と言ってくれるのは嬉しいことなんです。**「つまらない」は手放しでは喜べませんが、つまらないと思われた理由は絶対にあるわけで、その意見に耳を傾ければ作品がもっと良くなることにも繋がります。

「何でも言っていい」と思わせる雰囲気作り

意見を言ってもらうためには、**「意見を言いやすい空気作り」**というのも必要になってきます。だから僕は、なるべく色んな人に話しかけたり、くだらない笑い話をしてみたり、**話しやすい空気**を常に意識しています。プロデューサーという立場は上に見られやすいのもあり、怖そうとか偉そうとか、そういう話しかけにくそうなイメージを極力、意図的に、減らそうと心掛けています。僕はたまたま、生まれつき「人から話しかけられやすい」性分というのもあるので**「日本一話しかけやすいプロデューサー」**を自称していますが、あながち嘘じゃないと思っています。
みんなが色々意見を言ってくれるのは、作品のためになる。若い人も僕にどんどん話しかけてほしいし、話しかけたいと思ってほしい。そのために、**話しかけやすい空気を作る**ということも、プロデューサーの仕事の一つだと思います。

プロデューサーの仕事は「決めること」

様々な意見に耳を傾けた後、僕はプロデューサーとして結論を出すことになります。場合によっては、まだ決着がつかないような、微妙な内容を判断しなくちゃいけないこともあります。許されるなら、納得いくまでずっと議論していたい。でも、決めなくちゃいけない。**「決断する」というのは最高責任者であるプロデューサーの役目だし、「決断する」ことによって発生する責任ややっかいごとを全部引き受けるのも、プロデューサーがやらなくてはいけないことです。**

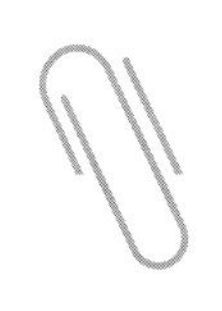

才能に惚れ込んだ相手を信じる

『silent』で抜擢した若き才能

才能に惚れ込んだ相手のことを信じるのも、自分を信じることと同じくらい大事なことだと思います。そういう人の能力は、企画を前へ進めるための大きな力となるのは間違いありません。

『silent』では、新人の脚本家とゴールデン初監督の演出家という**2人の若き才能**を抜擢しました。それが、**脚本の生方美久さん**と**映画監督の風間太樹**さんです。

僕は慈善事業や人助けのために、若いクリエイターを抜擢しているつもりはありません。単純に、**作品が良くなるならベテランであろうが新人であろうが別ジャンルの人であろうが、力を貸してほしいと思う**、というだけです。『ｓｉｌｅｎｔ』を始める時２人を抜擢したのは、ベテランに頼むよりもこの２人と一緒にやる方が、僕の頭に浮かんでいる『ｓｉｌｅｎｔ』の原型がより良い作品になると感じたからです。

生方美久さんは、僕がフジテレビの「ヤングシナリオ大賞」の審査員を務めた時に見つけた才能です。こういうふうに、**素晴らしい才能を持つ若者に誰よりも早く声をかける、**というのはこれまで何度もやってきています。その中には、僕と一緒にいる間はデビューできなかったけど、後に別の場所でデビューして大成功を収めた人もいます。また、脚本家ではなく、小説家や漫画原作者として大成した人たちもいます。

そういう人たちのことを思うと、僕は悔しくてたまらない気持ちになります。彼らの才能を見抜けなかった自分のセンスのなさ、見抜いていたにも関わらずデビューまで持っていけなかった力のなさに、自分自身、うんざりするほど嫌な気持ちになります。僕はずっと悔やんでいました。

生方さんを見つけた時、僕は**「絶対に自分がデビューさせたい」**と思いました。もう、同じ過ちは繰り返したくない。もちろん、純粋に生方さんの才能に惚れ込んだというのは大前提です。その上で、**生方さんの才能を信じて、素晴らしい才能の持ち主だと感じた自分の直感を信じて、彼女に賭けてみたい。**そう決心しました。

風間太樹さんに対しても、その才能に惚れ込んでいます。最初に関わったのは、僕がプロデューサーを務めた**映画『帝一の國』**（２０１７年）でした。その当時の彼は監督補であり、アシスタントプロデューサーのようなポジション。監督の横で助監督的な仕事をしたり、プロデューサーである僕のサポートのような仕事をしてくれたり。永井聡監督が風間さんに絶大な信頼を置いていて、風間さんは本打ちにも参加していました。本打ちでは寡黙であまり発言しないんですが、たまにポツッといいことを言う。あるいは『帝一の國』のタイトルバック（オープニング映像）ですごくいい案を出してくる。**すごくセンスを感じました。**人柄も朗らかで、一緒にいて嫌な気持ちにならない。そういう風間さんを僕は気に入っていました。

その後、『帝一の國』のスピンオフ作品の企画が持ち上がりました。30分×6話のドラマを作ることになり、監督を選ぶ段階で僕は**「風間さんに撮らせましょう」**と提案したのです。その時の風間さんは監督未経験。僕自身、風間さんの撮った作品を観たことはない。それでも直感を信じて、僕はその打ち合わせで**「彼が撮ったらきっと面白くなる」**と断言しました。それが風間さんのデビュー作です。

生方さんにしても風間さんにしても、2人がデビューできたのは彼らに才能があったからです。それは疑う余地がありません。僕のおかげでデビューできたなんて主張するのはおこがましいことです。でも、ほんのちょっとだけ、僕が書き残しておきたい部分もあります。それは、**彼らのような若き才能をチームの主力として起用するために、僕は僕なりに勇気を振り絞った、**ということです。

特に、生方さんの場合、コンクール作品以外の脚本を一度も書いたことがないのに数ヶ月をかけて10本なり11本なりの脚本を書ききることができるのか、そこを会社の上層部などは心配していました。連続ドラマの脚本を書くというのは精神的にも肉体的にもきつい仕事で、新人でなくても「書けない」という時が来ることもあります。でも、僕は**「彼女だったら絶対にやりきれる」**と思っていました。ヤングシナリオ大賞の審査で彼女の作品を読んですぐに声をかけ、それから何ヶ月かの間、ドラマの企画について2人で話し合っていました。僕はそこで、彼女の芯の強さ、脚本家になりたいという情熱、そして何よりも真面目で一生懸命、そういう生方さんの姿を見てきたからです。

『ｓｉｌｅｎｔ』がスタートする時、僕は生方さんにこう告げました。「内緒でセカンドライターを用意しておくとか、俺は絶対にしない。もしも生方さんが倒れたら、代わりに書く人間は俺しかいない。でも、俺には書く才能がないから、そこで終わり。**生方さんと心中するつもりでやるから**」と。生方さんは「プレッシャーだった」って言いつつ、途中で巨匠作家が出て来て「はい、もういいよ」って言われるんじゃないかと思ってたらしいけど(笑)。僕はとにかく代わりとか押さえの脚本家を立てるつもりは全くありませんでした。**もしも生方さんが途中で書けないと言ったら、その時は僕の責任でこの作品を閉じるしかない。**そう覚悟するくらい、彼女に賭けようと決めていたのです。

才能に惚れ込んだらその相手に賭ける。彼らの才能を信じてすべてを賭ける勇気を持つ。こういう覚悟も、企画を推進するために必要なものです。

直感は企画を推進する大きな力になる

衝動的な直感が物事を動かす

僕は、**直感を信じる瞬間**があって、若い才能を抜擢する時もそういう直感が働いていると思います。そして、**直感に突き動かされている時は、思考や行動が異常なほど速くなる**気がします。ピンときたらすぐに連絡を入れて会う約束をしたり、ずっと悩んでいたことをその場で決めたり。

こういう衝動的な直感が、物事を大きく、速く、動かしてくれることもあるので、企画を推進するための大きな力になっていると思います。

映画『約束のネバーランド』も直感で即決

『約束のネバーランド』の映画化を決断したのも直感でした。原作コミックの連載がまだ始まったばかりの頃だったと思います。最初はとにかく絵が綺麗でかわいいという印象だったんだけど、1話、2話、3話と話が進んでいくと、あのかわいい子どもたちが、実は食用として育てられていた家畜だったってことが分かる。それを読んだ瞬間に**「これは絶対に面白くなる」**と思った。**その感覚が圧倒的だったから、その場で映画化しようと即決して、集英社に速オファーしました。**もう待ってられない。いったん来週の話を見てみようとか、1ヶ月くらい様子見してからとか、そんなことは思いつきもしませんでした。

そういうふうに、自分の直感を信じる瞬間があるし、その直感には根拠のない自信も持っています。

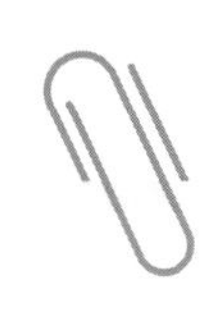

自分のこだわりを貫き通す

『silent』のタイトルが読めない?

自分自身を信じて、惚れ込んだ相手や仲間たちを信じる。こういう信念は**「ちょっとやそっとのことではぶれない」**というスタンスにも繋がってきます。

企画を進めていく道中には、自分のこだわりを貫き通さなくてはいけない場面もあります。『silent』の企画がスタートしたばかりの頃、そんな場面に出くわしました。社内でタイトルを提示したところ、いつの間にかカタカナの『サイレント』になっていたのです。僕の中では一番最初からずっと『ｓｉｌｅｎｔ』というタイトルがあって、それは全部小文字のアルファベット６文字。この文字の並びが美しいと思っていたし、これしかあり得ないと思っていました。それは、僕がこのドラマを「小さい者たちの物語」だと思っていたから。**東京の片隅で小さく生きている、小さい存在の人たちの物語として『ｓｉｌｅｎｔ』を描こうとしていたからです。**アルファベットの小文字って小さいじゃないですか。大文字に比べたらもちろんですが、漢字やひらがなと並んでも、少し小さくなる。あの感じが絶対にこのドラマの世界に合うと思っていたんです。だから、**絶対に「全部小文字のアルファベット６文字」じゃなきゃダメだと思っていました。**

ところが、会社側がタイトルをカタカナの『サイレント』にすべきだと言ってくる。テレビは間口が広い方がいいとか、アルファベットだと読めない人もいるとか、そんな理由でした。

僕はまったく納得できません。だって『ｓｉｌｅｎｔ』というドラマは『ｓｉｌｅｎｔ』

というタイトルの方がいいと思っているから。そこで、スタッフに「ｓｉｌｅｎｔ」という単語を学校でいつ習うかを調べてもらいました。すると、中学生の間に習う単語だと判明したので、僕は「義務教育を受けた人は全員読めるはずです」と反論し、その後も色々と議論はあったものの、**当初の予定通り小文字のアルファベット6文字の『ｓｉｌｅｎｔ』に決定し、読み仮名のように小さく「サイレント」というカタカナも記載されることになりました。**小さくカタカナを入れることについては、僕も納得しています。アルファベットだと読めない人がいるなら、カタカナを小さく入れて読める人が増えるのはいいことだから。ただ、タイトルそのものがカタカナになってしまうのは、どうしても嫌だった。**小文字のアルファベット6文字の『ｓｉｌｅｎｔ』は僕の譲れないこだわりだったのです。**

台本の表紙は「チーム村瀬」の旗印

僕には、自分にしか分からないこだわりがたくさんあります。他のプロデューサーからしたら「なんで村瀬さんはそんなことにこだわっているんだろう？」と思われていることも多いかもしれません。その一つが、**台本の表紙**だと思います。**僕は台本の表紙に強いこだわりを持っています。**もちろん、どのプロデューサーも作品のテイストに合わせてデザインを考えているし、おろそかにしている人はいないと思うけど、僕のこだわりは異常です。

僕のドラマの台本はいつも1話ごとに表紙が変わります。普通は全話同じデザインで話数表示だけが変わるか、変わっても色だけだったりするのですが、**僕のドラマは毎回デザインが変わります。**11話あれば、11種類の表紙デザインを作るのです。しかも、その**変化に意味を持たせる。**『ＳＵＭＭＥＲ ＮＵＤＥ』（２０１３年・フジテレビ系）では、主人公のカメラマンの写真を撮ってくれていたフォトグラファー・富取正明さんがこのためだけに毎週撮ってくれた「海」の写真、『信長協奏曲』では、毎回その話に登場する戦国武将の家紋をルイ・ヴィトンの包装紙のようにオシャレに並べたデザイン、『いつかこの恋を思い出してきっと泣いてしまう』では、アスファルトにポツンと咲いた一輪の花の周りに、主人公が花の絵を描き足していくも、中盤で消えてしまい、そこからまた絵を描き足していき、最後は絵が消えて二輪になる様子を収めた11枚の写真を使いました。『ｓｉｌｅｎｔ』は、先ほど書いた、僕がこのドラマを考えた時の最初のイメージである「雪原に立つ一本の木」の絵なんだけど、最初は晴れた日中だったのがだんだん暗くなって夜になり、やがて雪が降り出して、またやんで美しい太陽に照らされるまでを11枚の絵で描いています。こんなふうに、**台本の表紙にも〝想い〟を込めて物語を紡ごうとしています。**

僕が台本の表紙にこだわるのには理由があります。それは、**台本の表紙こそが、チームの旗印**だと思っているからです。『ONE PIECE』で言えば、麦わらの一味のあのマーク。海賊船の頭上に燦然(さんぜん)とたなびく旗のように、**この表紙を旗印にして、僕たちのチームは遥か遠くの目的地を目指す、**そういうイメージを僕が持っているからです。スタッフやキャストのみんなにどれくらいその〝想い〟が伝わっているかは分かりません。でも、毎回台本が届くたびに、みんなが表紙を楽しみにしてくれているのは感じているので、きっと何かは伝わり、感じてくれていると信じています。

ちなみに、『いちばんすきな花』の台本の表紙は、ドラマ本編の撮影もしてくださっている写真家の市橋織江さんが撮った「花」の写真です。もちろん、その回の中身に合わせて、全話違う「花」の写真を贅沢にも選ばせていただいています。

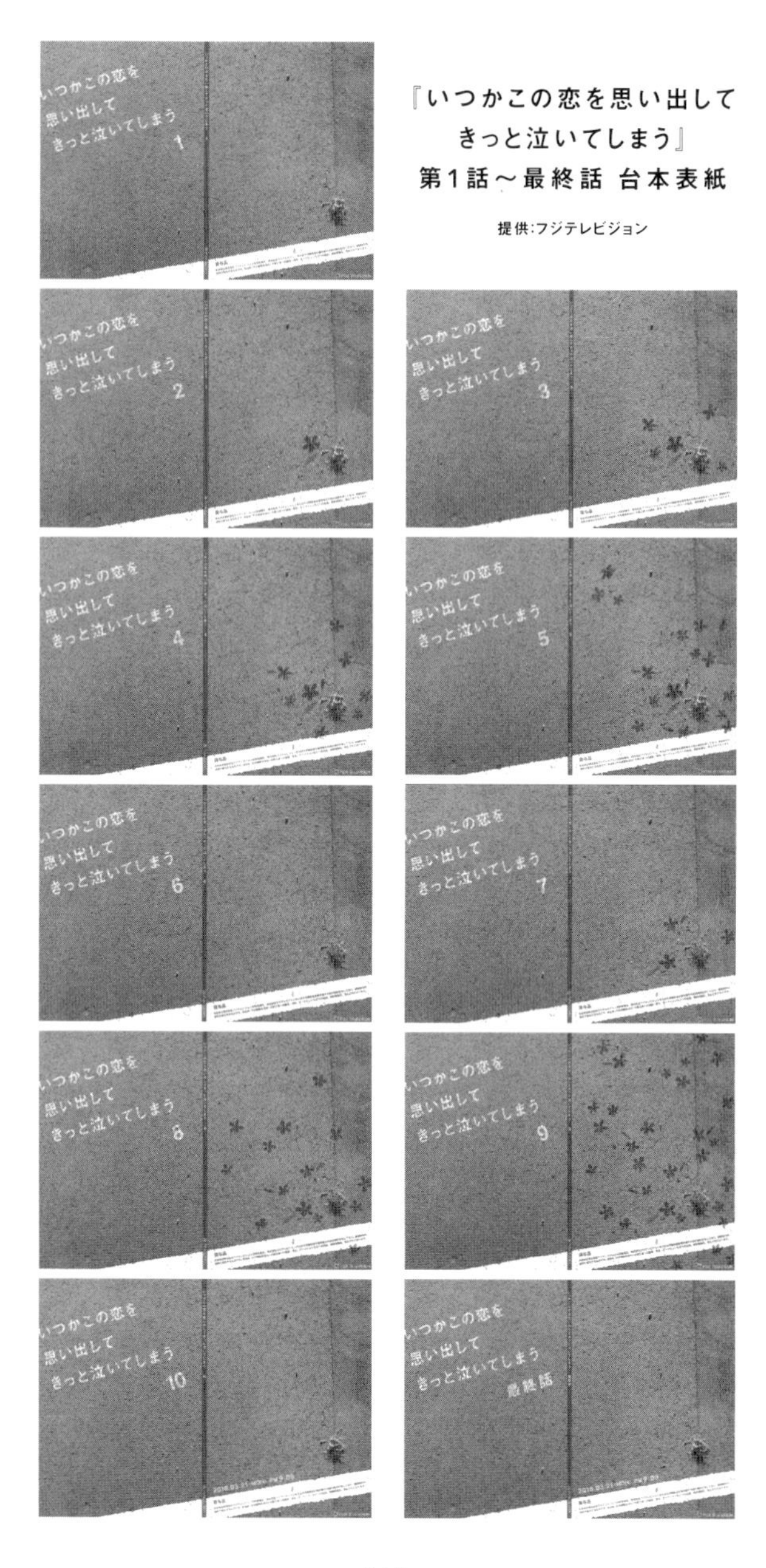

『いつかこの恋を思い出して
きっと泣いてしまう』
第1話～最終話 台本表紙

提供:フジテレビジョン

『いちばんすきな花』
第1話～第5話 台本表紙

提供:フジテレビジョン

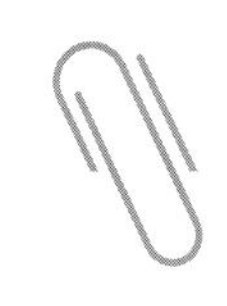

組織人としての仕事術①

時間の使い方

目の前にいる相手に集中する

この章では「企画推進力」の大切さを語ってきましたが、サラリーマンである僕の場合、**会社の中で組織人として振る舞いつつ、企画を推進していくことになります。** 自分のやりたい企画を進めていくために、日々の細々とした業務の中で気をつけている点をまとめておきます。いわゆる仕事術を僕なりに語ったものです。

まずは時間の使い方について。僕の時間の使い方は本当に崩壊しています。それでも気をつけているのは**「この時間はこれをやる」**と決めることです。

僕は「日本一電話に出ないプロデューサー」として悪名高い存在だと思います。自分でも認めています。でも、それには理由があって、電話がかかってきても、**目の前にあるものを優先したい**から。「ごめん！　今は君の時間じゃないんだ！」という気持ちで、電話がかかってきても出ない。特に、プロデューサーという仕事は人と会っている時間がものすごく多いから、目の前にいる人と話している時間を、列に割り込むような形で奪ってほしくないんです。

だから、時間の使い方と言っても、分刻みの綿密なスケジュールを立てるような考え方はしていません。とにかく、目の前のものに集中する。**その時間は目の前にいる相手と向き合う、ということを意識しています。**

もう一つ、僕が電話に出ない理由があって、それは電話に出始めたらずーっと電話に出ているだけ、という状態になってしまうから。脚本家に「プロデューサーの嫌なところ」を聞いたとしたら、九割九分「本打ち中に電話に出て、部屋の外へ消えちゃうこと」って言うと思います。そのくらい、かかってくる電話が多い。僕は**一作ごとに集中して仕事をする**タイプだから、ドラマをやっている時はそのドラマに関わる電話しかかかってこない。でも、ドラマをいくつも抱えているプロデューサーだと、本打ち中に違うドラマの用件で電話がかかってくることもある。そういうのを見ると脚本家はすごく寂しい思いを感じるそうです。脚本家が寂しく思っているのを感じているから、本打ち中は**できるだけ違う人に時間を渡さない**ように決めています。

組織人としての仕事術②

メールはすぐ返信する（べき）

坂元裕二さんから秒で返信

メールやＬＩＮＥは、メッセージをもらった瞬間に返信しないとどんどん溜まってしまって返せなくなってきます。これは僕だけの現象でしょうか。半年前のＬＩＮＥが未読のままになっているのに気づいて、慌てて返信することもあります。相手の方には本当に申し訳ないことです。

先日、びっくりしたことがありました。坂元裕二さんが映画『怪物』（２０２３年・

東宝、ギャガ）でカンヌ国際映画祭の脚本賞を受賞して、僕も「おめでとうございます」とＬＩＮＥを送りました。坂元さんのところに山ほど連絡が来ているのは想像がついたので「お祝いを伝えたかっただけなので、返信は要らないです」と書き添えました。すると、**即座に「ありがとうございます。びっくりしました」という内容の返信が坂元さんから届いたのです。**その返信には**「溜めると大変なので、いま人生最速で返信してます」**と書いてありました。僕は、自分に足りなかったものを突きつけられたような気がしました。僕も『ｓｉｌｅｎｔ』がヒットした時に、信じられないくらいたくさんの「おめでとう」のメッセージをもらいましたが、ほとんど返信していません。返信しようとしたけど追いつかなかったから、途中で諦めてしまったのです。坂元さんはそれが分かっていて、その場ですぐに返信している。**メッセージが来たらすぐ返す。**それは相手への礼儀はもちろんだけど、それだけではなく、そうしないと返せなくなるから。坂元さんの言葉で、僕も目が覚めました。

組織人としての仕事術③

人の使い方

時間の使い方＝人の使い方

最近、体が疲れるようになってきました。仕事を終えて家に帰ると家族から「今日は本当に疲れてるね」と言われることが多くなって。気持ちは全然疲れていないのに、体がついていかない。年齢のせいにしたくはないけど、**今まではできていた色々なことができなくなり始めている**、ということに気づき始めました。

2023年で50歳になりますが、社内の同世代の人たちは部長などの管理職につき始めている年齢です。同年代のドラマプロデューサーはだんだんと少なくなってきました。僕は管理職にならないと決めているので、これからもプロデューサーであり続けるつもりです。でも、同世代の人たちが前線から退いて管理職になることには共感できる部分もあります。それが体力。やっぱり体力の限界を感じて、現場を離れる人も多いんだろうなと想像します。その一方では、60歳になっても70歳になっても最前線で頑張っているプロデューサーもいる。だから僕にも、できなくはないはず。センスとクリエイティブが枯渇しない限りは、ですが。

まだまだプロデューサーを続けていくんですが、時間の使い方にはもっと気をつけていかないと体が持たないな、とも思い始めています。何に気をつけるかというと、人を上手く使うことです。**「時間の使い方＝人の使い方」**です。

幸せなことに、僕の船には信頼できる人たちがたくさん乗っている。全部自分でやろうとしてしまう僕ですが、**彼らに任せられる部分は任せてみよう。**それを今は意識しています。

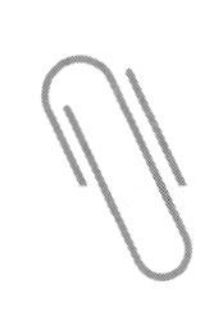

テレビ局という組織の中で

テレビ業界には様々な人間を受け入れる度量がある

色々と不出来な部分だらけの僕みたいな人間の存在を、フジテレビという組織は認めてくれている、と僕は感じています。**テレビ業界のいいところは、一般的な社会人とはかけ離れていて扱いにくい僕のようなタイプの人間を、ちゃんと活かしていく文化があること。**いい作品さえ作っていれば、あとは自由にさせてもらえる、という今の僕の現状は、**会社が放し飼いにしてくれている**ようなものです。それが僕にはとてもありがたい。

テレビ局の根幹にあるのは番組制作です。そして、番組制作にはある種のクリエイティブが必要で、それができる人に対するリスペクトがフジテレビにはある。『silent』**は、会社が僕を信頼してくれて、放し飼いにしてくれたから生まれた作品です。**

若い頃、社会人になったばかりの僕は本当にダメダメで、できない助監督でした。朝は起きられないし、体は弱いし、頭も決して良くないし、色々なことが上手くできなくて、助監督なのにまったく監督を助けられなかった。でも、本打ちに出させてもらい、隅っこで一生懸命考えて意見を出していると、監督やプロデューサーが「現場に出ない代わりに予告編を作ってみて」と声をかけてくれたり、下っ端の僕が作った15秒の予告編を、先輩が「センスあるな」と褒めてくれたり。そういうことを繰り返しながら、**自分が生きられる場所を見つけてきました。**助監督としては全くの役立たずだったけど、アシスタントプロデューサーになり、やがてプロデューサーになることができました。できない僕を見て、それでもできる数少ない部分を認めてくれた優しい先輩たちのおかげです。

現場は苦手だけど、ものを作るのは自信がある、という人間もちゃんと認めてくれる度量がある。それがテレビ局という組織のいいところだと思います。

組織の中で自分のキャラクターを出す

僕がフジテレビに留まる理由

独立してフリーのドラマプロデューサーにならずに、僕がフジテレビで働き続けていられるのは、**組織の中で自分のキャラクターを確立できているの**も大きいです。

僕は会社にいる時間が少なくて、コンサート会場とか劇場とか、そういう場所で新しい何かを探したり人と会ったりしています。遊んでるだけ、サボってるだけ、のように見えるかもしれませんが、**会社のオフィスで仕事をしていないというだけで、僕は様々な場所で人と会って、仕事をしています。**

会社の上司も、そういう僕のキャラクターを分かってくれている。サボって遊び回っているわけじゃなくて、色々な人と会って次の企画を模索しているということを分かってくれている。これは、長い年月をかけて、作品をちゃんと仕上げてきたからこそ認めてもらえていることなのだと思います。言い方を変えると、**自由にさせてもらっている以上は、高いクオリティの作品を出すことが僕の責任。**ちゃんと結果を出すと上司は期待してくれているわけです。

僕は性格がひねくれているから「ちゃんとやれ」と言われると窮屈さを感じて反発してしまう。逆に「自由にやっていいよ」と言われると意気に感じて頑張りたくなるし、会社に貢献しなくちゃと思ったりします。恩に報いたい、期待には絶対に応えたいと感じるタイプなので。これはつまり、**会社が僕というキャラクターを上手に活かしてくれている、**ということでもあります。

もう一つ、ずっと「ドラマ作りはチームプレー」と言っていますが、ドラマ作りに直接的に関わるいわゆる「チーム村瀬」の中の人たちだけでなく、**会社の人たちも同じチームの一員**です。僕の代わりに書類仕事をやってくれる人がいて、僕が面倒を起こすと詫びを入れに出向いてくれる上司がいて、そういうふうに陰で支えてくれる会社の人たちがいる。彼らが支えてくれるおかげで僕は自由に振る舞えるのです。それは忘れたことがないし、いつも感謝しているし、**このチームのために、この会社のために、いい作品を作りたい**、といつも感じています。そういう意味では、僕は意外と愛社精神にあふれているのかもしれません。

最近よく「なんで会社を辞めてフリーでやらないんですか?」とか「Ｎｅｔｆｌｉｘとか Ａｍａｚｏｎとかに行かないんですか?」と聞かれます。はっきり言うと、誰も僕に声をかけてくれない(笑)。でも、声をかけられても今はフジテレビという組織を辞める理由がありません。**僕は、やりたい企画をやらせてもらえています**。『ｓｉｌｅｎｔ』も『いちばんすきな花』も、自分のやりたいようにやらせてもらえています。最近では、趣味の延長で始めた音楽プロデュースも会社公認という特殊な形でＯＫをもらえているし、**とにかく好きなことをやらせてもらっているから、会社を辞める理由がないんです。**

村瀬健というブランド

つくづく感じるのは、**テレビドラマのプロデューサーは「個人商店」**だということです。僕の作品には僕の色が出てくるし、ほかのプロデューサーの作品にはその人の色がある。「フジテレビのドラマ」「TBSのドラマ」という言い方をするけど、そうやって括るものではない気がする。たとえるなら、**テレビという巨大なショッピングモールの中に、ドラマフロアという階があって、そこにいくつもの個人商店が並んでいるようなイメージ**です。そう考えると、作品が持っている色、プロデューサーが持っている色は「そのブランドの色」ということだし、色がまったく出ていないブランドは魅力に乏しい、ということになると思います。

自分の色を出すのはなかなか難しいことですが、**僕の場合は「〝想い〟で作る」という色で、自分なりのブランドを確立できていると思っています。**このブランドから生まれたのが『いつかこの恋を思い出してきっと泣いてしまう』や『ｓｉｌｅｎｔ』などの作品です。もう一つ、僕の個人商店には別ラインもあって、それは『キャラクター』や『信長協奏曲』のような企画性の高いエンターテインメント作品たち。これはこれで、僕の持っている色の一つなので、これも大事にしていきたいと思います。もちろん、これらの作品の中にも僕らしい〝想い〟が込められていることも含めて、です。

僕の今後の課題としては、**そうやって築き上げてきた「村瀬健ブランド」のドラマをちゃんと作り続けること**だと思っています。

ACAね（ずっと真夜中でいいのに。）

――村瀬さんに初めて会ったときは、どんなシチュエーションでしたか？　村瀬さんにどのような印象を持ちましたか？

はじめましては、会議室で曲の打ち合わせでお会いした時だと思います（たぶん）。村瀬さんは「実在するんだ！」というようなことを話してもらえて、ずっと喋ってもらえて、わたしは圧倒されていた記憶があります。初対面でも並々ならぬ作品への熱意みたいなものがメラメラと迸ったかたと感じました。

――『約束のネバーランド』のストーリーから、「正しくなれない」という曲を作ったのは天才だと思っているのですが、村瀬さんからはどのような曲を作ってほしいと言われていたのでしょうか？

絶望から始まる物語の中でも最後には差し込む一筋の光を大切にしていること、主題歌もしっかり、子どもたちの声をうたったものにというお話しをいただきました。村瀬さんとお話しする中で、幾度となく残酷な現実に押しつぶされそうになっても、進んでゆく負けないエマの姿勢を糧に、「正しくなれない」を作ることができました。村瀬さんのそういった作品への想いや主人公感というか……そういったものを言語にする憑依力みたいなものが具体的でブレず、すごいと思いました。

——『キャラクター』では、主題歌より先に、特報のタイトルのナレーションをオファーされたとのことですが、そのお話を受けた時、どのように感じましたか？

たぶん村瀬Pのかなりふとした思いつきだと思うのですが、CMなどでの『キャラクター』のタイトルコールを誰かに喋ってもらおうと思ったときに、わたしのことが思い浮かんだみたいで、お願いできないでしょうかとオファーいただきました。まさかの一言だけのオファーははじめてで、（その時は主題歌のお話は未だ無かった）そのタイトルナレーションだけを録りにいったのも楽しかった思い出です。たぶん5分くらいで終わったけれど、皆が拍手してくれて…すごい手応えないまま終わりました。笑

でもそんなふうに気軽に呼んでくれたのが嬉しくて、まさかそのあと主題歌もやるとは……でした。

——『キャラクター』主題歌の「Ｃｈａｒａｃｔｅｒ」について、Ｒｉｎ音さん・Ｙａｆｆｌｅさんと3人で作った曲とのことですが、村瀬さんのこのオファーに関して、どのように思われましたか？

あまり誰かと曲を作るみたいな経験はなくて、はじめてのお二方との共同作業体験、新鮮で楽しかったです。村瀬さんはそういう人を結びつけて、やる気にさせるのがとても上手なかたと思います。

曲ができた時に村瀬さんは「俺の中でモンスターになる直前の両角の姿が浮かびました、両角の妹のように感じました」と話してくださって、わたしはあまりできたものを説明するのは得意じゃないのですが、何も説明せずとも、伝わっていて嬉しかったのと信頼感ありました。

――村瀬さんに言われて一番嬉しかったことは何ですか？

村瀬さんがずとまよＬｉｖｅを観てくれた感想で、「素晴らしくてモノを作るのが嫌になりました。絶対また一緒にやりたい」と話してもらえて…ありがたいお言葉過ぎて…すごい嬉しかったんです……。

みんな仲間だし敵。これはわたしの好きな言葉ですが、村瀬さんもそのように味方だしライバルとも思ってくれるようなことを言ってくれるのは、なかなか普通じゃない感想というか、わたしにとっては何よりやる気に繋がるお言葉でした。

こちらこそまた是非一緒に、モノを作るのが嫌に思われるようなものを村瀬さんと作りたいです。

——村瀬さんの、ほかのプロデューサーと違う点など感じたことはありましたか?

共に諦めず困難に戦ってくださるところ。嘘のないロマンチックなところ。いつもＬｉｖｅで泣いてくれるところ。気持ちを真っ向から伝えてくれるこころ。

——「村瀬さんに騙された!」と思う瞬間はありましたか?

最初偉い人はこわいと思っていたのですが、話してたら思ったよりこわくなくて騙されたと思いました。

——最後に村瀬さんに伝えておきたいことはありますか?

わたしが当時みていた大好きなドラマが悉くプロデューサー村瀬Pだと気づき。わわっと、鳥肌でした。『バンビ〜ノ!』、『いつ恋』、『太陽と海の教室』、『PRICELESS』、『月の恋人』、『14才の母』など……ばぶみACAねは当時このような不朽の名作を親しみここまで育ちました。この場をお借りし感謝申し上げたいです。村瀬さんが担当しているドラマのお話を一緒にできたのもめちゃ嬉しかったです。そんな村瀬さんが

Pする作品なら絶対素敵な作品だなぁと思い、ときめきと安心感がありました。もっと他にもごはん屋さんのお話しなど、色々沢山したいです。また何かご一緒できたら、わたしはものすごく嬉しいです。

改めて村瀬さんとお会いできて、大感謝です。

体調だけ本当に無理しすぎず、踊り忘れずっ。

ずっと真夜中でいいのに。ＡＣＡねより

第4章

人を巻き込むために

言葉にこだわる

相手を夢中にさせる話術

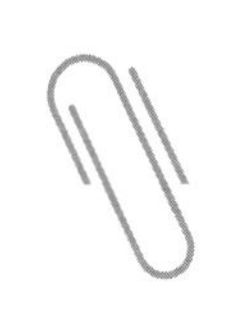

話術は訓練で上達する

フジテレビのプロデューサーは喋りが上手い

僕が日本テレビからフジテレビに移った時、フジテレビの先輩プロデューサーから指摘された部分があります。それは、僕の喋りが下手なこと。**プロデューサーは喋りが上手くないとダメ**だと言われました。初めてそういう指摘をされて結構ショックを受けました。

それから、**色んなプロデューサーの喋りを見て研究しました。**

普段の会議や記者発表などで先輩プロデューサーたちの喋り方を見ていると、確かにフジテレビのプロデューサーはみんな喋りが上手い。あまり喋りについて意識していなかった僕は、フジテレビに移ってから喋りの練習を重ねました。その目的はもちろん、**自分の〝想い〟を相手に伝えるため**です

直接会って、顔を突き合わせて話す

話術よりも前の基本的なことで、**僕が気をつけているのは「会って話す」ということです。**僕はオンライン会議が本当に苦手で、特に本打ちをオンライン会議でやるのは無理とすら言えます。僕はできるだけ顔を突き合わせて、熱量とか反応とかを感じ取りながら話をしたい。コロナ禍以降、マスクで顔が見えなくなったのも本当に辛い。にこやかな笑い声は聞こえてくるけど、もしかしたらマスクの下にある口は笑っていないのかも、とか考えてしまう。**とにかく会って、自分の熱量を伝えて、相手の反応を感じ取りながら話をしたい**といつも思っています。

発言していない人の表情こそ大事

たくさんの人が集まる会議も、実際にその場で顔を見ながら話し合うのが僕の理想です。会議では、発言した人や発言の内容に注目しがちですが、僕は**「今、人の話を聞いている人、発言していない人がどんな表情をしているか」**を見たいのです。

特に、監督、プロデューサー、脚本家、アシスタントプロデューサーなどが参加する本打ちは、話に参加していない人の表情が命とすら思っています。議論している人同士が前のめりになるのは当たり前だけど、それ以外の人たちは興味を持って聞いているのか、それとも「つまんない話だな」と思っているのか、参加している人たちの表情から感じ取りたい。「つまんない話だな」という表情で聞いている人がいるとしたら、今の議論は面白くないってことになる。

議論をしていない人の表情というのは、会話のボールが回ってきていない人の様子ということだから、サッカーで言うところのオフ・ザ・ボールの選手の動きみたいなことかもしれません。そういう、**議論していない人の表情を見極めることが、会議で一番大事なことだとすら僕は思います。**

そういった〝場の空気〟はオンラインより対面の方が読み取りやすいのです。

誰でもできる話し方のコツ

自分から会いにいく

会って話す時、相手にこちらへ来てもらうよりも、**こちらから相手のいる場所まで会いにいく**方が、会話がいい形で進むと思います。

特に僕の場合、**会いにいって作品に出てもらう、仲間になってもらう、というのが基本パターン**。自分がお願いをする立場なんだから、会いにいくのがマナーとしても当たり前ではあります。

ただ、マナーだけの話ではなく、相手のところへ出向くと会話をする上でのメリットもあります。**誰でも、自分のホームにいる時がリラックスできる状態だから、相手のホームへ出向いた方が相手の本音が聞けるのではないでしょうか。**

実際、フジテレビの会議室で打ち合わせをするよりも、街の居酒屋に入って雑談している時の方が、いい企画が浮かびやすい気がするのですが……気のせいじゃないですよね？

記事の見出しになりそうなフレーズを使う

インタビューや記者発表の時に気をつけているのは、どんな記事になるのかを想像して、**記事の見出しになりそうなフレーズを盛り込むこと。**インタビューでも記者発表でも、取材者のペンが動いてメモするのを横目で確認します。メモをするということは取材者の心に刺さったということです。フレーズ自体はある程度用意しておくこともあるし、相手の反応を見てその場でひねり出すこともあります。

見出しになる言葉というのは、ドラマで言うとハイライトシーンを作るようなものだと思います。例えば、1時間のドラマの中で**「一番見せたい山場」**みたいなものがあったら、その山場に向かってドラマ全体を作っていく。記者発表での喋りも同じで、**どこに山場を持っていくか**、みたいなことはいつも考えています。

喋りながら相手の反応を見る

喋りながら**「相手が食いついてきたな」**とか**「これ刺さったな」**とか、そういう反応を見逃さないようにしています。色々な話題でジャブを打ちながら、相手のスイートスポットを見つけていく。さっきの「取材者のペンが動いてメモするのを横目で確認する」というのもそうですが、**喋りながら見つける、喋りながら考える**という技術を少しずつ磨いてきました。

相手を飽きさせず、楽しんでもらう

たまに大学や企業などで講演をさせていただくこともあります。来場者の感想として、1時間の講演が楽しくてあっという間だったと言われると、すごく嬉しく思います。**楽しいと思ってもらえるように頑張って話しています。**

僕個人の特性として**「サービス精神」**が旺盛なんだろうと思います。僕の気持ちとしては「楽しませてやろう」というよりも**「楽しませたい」**です。ドラマ作りでも、人前で喋る時でも、とにかく**「一人でも多くの人に喜んでもらいたい」という欲求が僕のベース。**話をしている時も、相手をいかに飽きさせずに、楽しんでもらえるかばかり考えています。講演だけでなく企画のプレゼンや日常会話でも、相手を楽しませることをすごく意識しています。

笑いをとる、瞬時に返す

楽しかったと思ってもらうためには、**笑いの要素はすごく大事です。**自虐ネタを使ってでも一回は笑いをとる、くらいのつもりで喋っています。

魅力的な芸人さんの喋り方を見ていて感じるのは、**相手の言葉を遮らないこと**と、**相手の言葉に瞬時に反応すること。**この2つは、楽しく会話をするポイントかもしれません。相手の話を受けて、瞬時に返す。自分から話を切り出すのが苦手な人は、相手が言ったことをどう受けて返すか、という部分に集中するのもいいと思います。

「大きく分けて2つある」

僕がプレゼンなどの場でよく使っているフレーズが**「大きく分けて2つある」**です。その時々で2つが3つになったりしますが。このフレーズの便利なところは**「大きく分けて2つある」と言い始めた瞬間には頭の中には何もなくてもいい**という点。「2つある」と言ってから頭の中で「2つって何だろう」と考えることができるし、「1つ目は」と言いながら、2つ目を考えることもできる。**たいていのものは大きく分けたら2つに分けられます。**そういうふうに、考えながら喋ることができるようになってから、プレゼンなどの場面で苦労することが減ったように思います。

話術について僕なりに勉強してきたことを色々と書いてみましたが、整理すると僕の言いたいことは2つあります。

1つ目は、**僕は練習をして喋れるようになったということ。**初めから喋りが上手だったわけでも、あるいは得意だったわけでもありません。

2つ目は、**だから喋りを上達させるのは誰にでもできるということ。**練習で上達するものだから、この章で説明してきた話術は、誰でも真似できます。

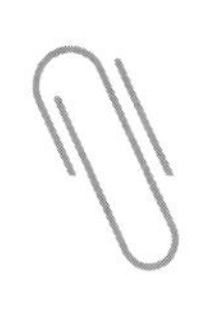

「好き」を臆面もなく伝えたい

言葉で伝える表現力を持つ

ここまで書いてきたように、喋りは練習で上達するし、テクニックでカバーできることです。でも、僕が喋りを練習した本来の目的は、**自分の〝想い〟をしっかりと伝えるため**です。言葉にして〝想い〟を伝えるのは簡単なことではありませんが、プロデューサーであればそれはできないといけない。

この本の中で「プロデューサーにとって一番大事なのは企画推進力だ」と書いてきました。でも、もう一つ大事なことがあって、それが、**自分がやりたいことを言葉で伝える「表現力」**です。企画書を上手に作ることももちろん大事なんだけど、自分の口から出る言葉で、自分の喋りで、何が面白いのか、どうしてこれをやりたいのか、といったことを明確に伝えられる表現力が必要なんです。

自分の好きな人に「あなたが好きだ」と言って、相手から「どこが好きなの？」と聞かれて、何も答えられなかったら「好き」という気持ちを信用してもらえない。**「どこが好きか」を言語化できないと、思っていることを言葉にしないと、自分の〝想い〟は伝わらないのです。**

嘘をつかずに「好き」を伝える

最も単純で効果的な伝え方は、**自分の感情をそのまま喋る**という伝え方です。これはもう綺麗事にしか聞こえないかもしれませんが、**〝想い〟を込めたらちゃんと伝わる。**

そういう実体験が僕にはあるので、これは言いきれる。綺麗事ではなく、自分の〝想い〟を込めて「好き」という気持ちを伝えたらたいていの相手には伝わります。もちろん、こちらの気持ちが伝わってもそれが叶うかどうかは別の話。だけど、相手に「お前は俺のことが好きなんだな。分かったよ」と理解してもらえるところまでは絶対に伝わります。

この時に大事なのは**「好き」という気持ちに偽りがないこと**。好きでもない相手に好きだと言うことは僕にはできません。「嘘をつけない」というような綺麗なことを言っているのではなく、自分が嫌いな相手に好きだって言う必要がないと思っているだけです。

自分が口説きたい人は、自分が好きだから口説く。その役者さんに出てほしいと思うから、自分の作品に出てくださいと口説いているわけです。僕自身がそう思っていない役者さんを口説くために嘘をつく必要がない。**嘘をつかずに、テクニックに溺れずに、率直に自分の「好き」を伝える**、という部分を一生懸命やっています。

息を吐くように人を褒める

嫌がられないならどんどん褒める

好きだと言われて嫌な気持ちになる人はいないと思うんですけど、それと同じように褒められて嫌な気持ちになる人もいないんじゃないでしょうか。**褒めて相手に喜ばれるなら、嫌がられないなら、僕はどんどん褒めたらいいと思っています。**周りを見ていると、人を褒めることに照れがある人も見かけますが、僕はまったく照れがない。

例えば、セットに置いてあるちょっとした小物が素敵だなと思ったら、「これ、めちゃめちゃいいね！」とその場で美術さんに言うし、出演者がいつもよりカッコよく見えたら、ご本人に「今日、いつも以上にかっこいいね！」と言い、同時に衣装さんやメイクさんにも「かっこよくしてくれてありがとう！」と伝えます。自分が本当に思ったことはどんどん言っちゃう。**チームの誰かが良い仕事をしていると嬉しくなっちゃうからすぐに褒めたくなるし、そして、良い仕事をしてくれるということは作品のクオリティを上げてくれているということなので、お礼を言いたくなってしまう。**もしかしたら、スタッフのみんなにこうやって声をかけまくることも、今の時代だとぎりぎりセーフのような、人によってはアウトのような、難しいところなのかもしれません。だけど僕は、良いと思ったら、そのまま言うようにしています。もしも僕が、うざいと思われていたり嫌われていたりするなら、それは100パーセント僕の責任です。だとしても、**僕は人を褒めることを恐れたくないと思っています。**

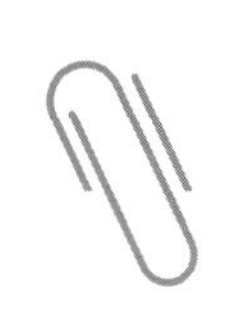

相手が言われたいことを言う

言われたいことを自分なりに感じ取る

人はみんな**「自分が言われたいと思っていることを実際に言ってほしい」**のではないでしょうか。だから僕は、相手が言われたいことに気づいたらそれを言葉にしたいし、そうやって相手のことを褒めたい。間違っていたとしても、その人にとって言われたいことじゃなかったとしても、僕は僕なりに感じ取って、相手が言われたいことを言いたいのです。

それが僕の**「好き」の表現**だからです。僕の**「好き」を伝える形**だからです。

こういう気持ちは、企画をプレゼンする時や、作品に出てほしいと役者さんを口説く時にも、僕の表情から滲み出ていると思います。僕が目を輝かせて**「あなたのことが好きなので一緒にやってほしい」「この企画が楽しくて仕方ないので一緒にやりませんか」**と話す時に、僕の「好き」は相手に伝わっているはずです。

相手が「言われたいであろう言葉」を用意しておく

大事なプレゼンや役者さんを口説きに行く前日の夜などは、お風呂に入りながらキラーワードやパワーワードを考えます。プレゼンの相手や役者さんを思い浮かべて、**「言われたいであろう言葉」**を自分なりに考えて前の日に準備しておくのです。もちろん、僕には相手の心を読む力などないですから、あくまでも想像です。どういうことを言われたら喜んでくれるだろうか。それを真剣に考えます。その答えは、自分の中にあります。僕がその人を好きな理由、どうしてあなたに出てほしいと思っているのか、それを言葉にする術を考える。相手が思っていることは分からないけど、少なくとも、**自分がその人を**

好きな理由をできるだけ分かりやすく、できるだけ伝わるような言葉にする。それを常に意識しています。

「キャスティングの村瀬」

幸せなことに**「キャスティングの村瀬」**という評価をいただくことがあります。僕の作品に豪華な俳優さんが出てくれるのも、**僕が心の底からの「好き」を表現してきた**からなのだと思います。役者さんや仲間たちから**「村瀬さん、本当に俺のこと好きなんだな」「私のこと好きなんだな」**と理解してもらえている。役者さん本人だけでなくマネージャーさんたちにも僕の気持ちは伝わっていると思います。マネージャーさんって、その役者さんのことが世界一好きな人で、その役者さんを売りたいって命を懸けて頑張っている人です。自分が担当している役者さんのことを、僕が**「こんなに好きなんだよ」**と言い続けていたら、マネージャーさんの心も**「村瀬さんに預けてみようかな」**と動いたりするのだと思います。

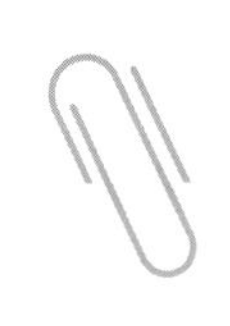

お世辞は言わない

お世辞で失いかけた信頼

コロナ禍の影響でだいぶ減ってしまいましたが、舞台を観にいくのもプロデューサーの大事な仕事です。舞台が終わると楽屋へ挨拶に行って、観た感想を役者さんに話したりしますが、この時、僕には心に決めていることがあります。それは、**面白くなかったのに面白かったとは絶対に言わない**、ということです。

以前、大好きな役者さんの舞台を観た時に、その舞台が全然面白くなかったことがありました。でも僕は、楽屋へ挨拶に行って「面白かったです」と嘘の感想を言うと、その役者さんは「本当に？ 村瀬さん、こんなのが本当に面白いと思ってるの？」と問い詰められたのです。僕はすごくショックでした。「面白かった」というのはちょっとしたお世辞のつもりで、そう言えばみんなも喜ぶ、少なくとも悪い気はしないだろうと思っていたのですが、その役者さんには**「村瀬さんはこれを面白がる人なんだ」**と思われてしまいました。僕はもう「実は面白くなかった」とは言えず、ごにょごにょ言いながらその場から去るしかありませんでした。

お世辞で面白いと言うと自分の信頼を失ってしまう。それが痛いほど身に染みて、それ以来、僕は「面白くないのに面白いと言う」のはやめることにしました。それからは、**裸の自分のまま、思ったことをそのまま言う**ようにしています。もちろん「つまらなかった」とは絶対に言わないけど、言い方を工夫して本当の感想を伝えるようにしています。

相手の言われたいことを言うのは大切ですが、嘘が混じっていてはダメです。**本当に、本心で、自分が思っていることを伝える、**というのは大前提です。

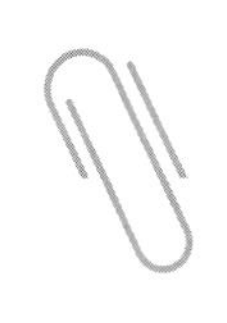

役者さんを口説くということ

自分の気持ちに忠実でいたい

僕みたいな生き方をしていると、嘘はつけません。いや、それは嘘で、いっぱい嘘はつくんだけど、**好きじゃない人に「好きだ」と言うのは、面白くないのに「面白い」と口にするのは、今の僕の生き方にはそぐわない**気がするのです。かっこつけているのでもなんでもなく、単純に、**信頼を失わないため**です。

僕が気をつけているのは、**役者さんを口説く時にこそ、本当の気持ちを伝えることで**

す。例えば、俳優のAさんとBさんがいるとします。自分の作品に出てほしいとAさんを口説きに行って「僕が出てほしいのはBさんではなくAさんなんです」と力説して、Aさんが僕のドラマに出演することになったとします。その翌年、僕がBさんを主演俳優に迎えて新ドラマを作っていたら……Aさんから見たら「村瀬さんの言っていた口説き文句は何だったの?」ということになってしまいます。

自分の気持ちに嘘が混じっているとこういう状況に陥りがちだし、逆に**自分の気持ちに忠実でいれば、自ずと言動は一致してくるはずです。**

「押さえ」を作らないという誠実さ

もう一つ、役者さんを口説く時に気をつけているのは、いわゆる〝**押さえ**〟**を用意しないということ。**例えば「俳優のAさんに絶対やってほしい」と思っているのなら、「Aさんがダメだったら Bさんにしよう」というつもりで両方に声をかけるようなことはしない。なぜなら、そういう気持ちはすぐにバレるからです。

バレるっていうのは、具体的に「両方に声をかけていた」ことが明らかになるという意味ではありません。「あなたに絶対やってほしい」という気持ちがぶれているのが滲み出てしまう。そういう**不誠実な思惑は、こちらがどれだけ隠そうとしても相手に伝わってしまう**と思います。

こんなことも実際にありました。俳優のXさんに出演をお願いしたところ、本人がすごく嫌がっていたのですが、僕としては思い当たることがない。マネージャーが席を外したタイミングでその理由を本人に直接聞いてみました。Xさんは、同じ事務所の同世代の俳優・Yさんの名前を挙げて「どうせ私はYさんの代わりなんでしょ」と僕を問い詰めてきました。Xさんの心のわだかまりは、Yさんの押さえとして扱われていることへの不満が原因だったのです。僕は**「Yさんではなく Xさんに出演してほしい理由」**を彼女に説明しました。本当にYさんではなくXさんに出てほしいと思っていたからです。その後、Xさんは出演を快諾してくれて、僕の作品に何度も出演してくれています。

だから僕は愚直に、押さえを作らずに役者さんを口説いています。これはある意味賭けです。成功すればいいけど、失敗すると地獄。あわてて次の人にあたらないといけなくなるわけですから。**押さえを作らないのは危ない橋だと分かっているけど、そうしないと相手に本当の気持ちが伝わらないとも思います。**

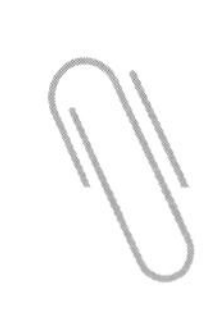

映画『キャラクター』のキャスティング秘話

難航したFukaseさんのキャスティング

押さえを作らずにキャスティングを進めていくやり方は、かなりの苦労を伴います。

映画『キャラクター』のキャスティングもかなりヒヤヒヤしました。

この作品の時はありがたいことに、菅田将暉さんが企画書の段階で最初に出演を決めてくれていました。決まっているキャストがゼロだったらもっと難しかったけど、菅田さんが出ることは決まっている。菅田さんがいれば、ほかのみんなもこの船に乗ってくれると僕は思っていました。

キャスティングの時によく言われるのは「あの人が出るならうちも出る」という言葉です。作品が成功するかどうかは予知できなくても、**沈みそうな船にはみんな乗りたくない。**そういう意味で言うと、菅田さんは紛れもないトップ俳優ですから「菅田さんが出るならうちも出る」とみんなを思わせてくれる存在でした。

特に難航したのは、**物語のカギを握る殺人鬼・両角のキャスティング**でした。誰にしようと思っているのか菅田さんに聞かれて、僕が「セカオワのＦｕｋａｓｅさんを口説いてる」と言ったら、菅田さんは「最高です。最高ですけど、Ｆｕｋａｓｅさんが出てくれるわけないじゃないですか。村瀬さん、バカですか」と言われてしまった（笑）。次に菅田さんと会った時に、まだやってくれると言ってもらえていたわけではなかったけど、僕は**「Ｆｕｋａｓｅさん、いけそう」**と若干盛って報告しました。

次に小栗旬さんに出演依頼をした時も、殺人鬼の候補がＦｕｋａｓｅさんであることを面白がってくださり、「村瀬さん、よく思いつきましたね」と言ってくれて、まだ手応えはなかったけど僕は**「決まっていないけど絶対に口説くから、Ｆｕｋａｓｅさんが出ると思って受けてほしい」**とお願いし、出演ＯＫをもらいました。

実際、**Ｆｕｋａｓｅさんが出演を決めてくれたのは、本当に最後の最後**、ギリギリのタイミングでした。もしもＦｕｋａｓｅさんが最終的に「出ない」と言っていたら、僕は今頃、詐欺師の名をまとって東京湾に沈んでいたかもしれません（笑）。

喋りが下手だから「ぶっちゃける」

プロデューサーは語ることも仕事のうち

「喋りが下手です」とか「伝え方が分からないんです」とか、そういう人はたくさんいると思います。もちろん、それでも全然問題ないのですが、僕のような仕事をしている人は、それではいけないと考えています。**自分の考えていることを的確に伝える表現力がなかったら仕事にならないからです。**「ちょっと何を言ってるか分からない」という人で、成功した人はいないと思うんです。

小説家とか芸術家とか、作品ですべてを語る人は別です。彼らは自分の作品について語る必要がありません。作品がすべてを語っているから。喋らない。説明しない。それでいいんです。

でも、クリエイターではない、僕のようなプロデューサーは**「このドラマのどこが面白いのか」を語れなくちゃダメです。**僕の仕事はプロモーター的な意味もあるから、色々な人に語って聞かせるのも仕事のうちなんです。**語ることが苦手だったら練習すればいい。**

だから、僕は練習しました。練習の結果、話術のテクニックよりも強力な**「ぶっちゃける」**という技を会得できたのです。ぶっちゃけることで「この人、私のこと好きなんだな」「僕を必要としてくれてるんだな」ということだけは分かってもらえます。**相手に受け入れてもらえるかまでは分からないけど、少なくとも、僕の〝想い〟をはっきりと伝えることができます。**

相手に振られたとしても、その時はそれでいいんです。「好きだ」という気持ちだけは相手に残るから。**今は振られちゃったけど、僕の「好き」はちゃんと伝わりましたよね、っ**ていうのは自己満足かもしれない。だけど、それが最初の一歩。**まずは相手に伝えないと何も始まらないっていう気持ちで、いつも話しています。**

村瀬Pに巻き込まれた人々の証言
3
坂元裕二
村瀬健

村瀬さんは昔っぽい匂いのするドラマプロデューサー

――坂元さんと村瀬さんの出会いは『太陽と海の教室』ですよね。

坂元裕二（以下、坂元）：覚えているのは〝サクマ式ドロップス〟ですね。会う前から実写版『火垂るの墓』や『14才の母』のプロデューサーということはもちろん知っていたんですが、実際に村瀬さんと会った時に『火垂るの墓』の企画をどうやって進めていったかという話になったんです。村瀬さんは『火垂るの墓』のプレゼンで、サクマ式ドロップスの缶を手に「次はこれをやりたい」と言ったらしくて。その話を聞いて、すごくケレン味のある人、昔っぽい匂いのするプロデューサーだなという印象を持ちました。

村瀬健（以下、村瀬）：なんか汗が出ますねこれ（笑）。

――昔の匂い、ですか。

坂元：なんと説明したらいいのかな……すごく悪い言葉で言うと人をたぶらかすというか、相手を自分の方に引き込もうという努力を常に、しかも一生懸命やる方だなと。

今でもそう思っています。

村瀬：覚えてくださっているんですね、最初にお会いした時のこと。嬉しいです。

――村瀬さんは、坂元さんとの初対面は？

村瀬：日テレからフジテレビに移って、一発目が2008年夏の月9『太陽と海の教室』なんです。坂元さんとご一緒したくて、当時フジで坂元さんとよく一緒にやっていた鈴木吉弘プロデューサーに連絡先を聞いて、坂元さんの仕事場に一人でお邪魔しました。坂元さんはすでに巨匠でしたし、僕は初対面だし、心の中では「どうやってアピールしようか」と考えて、考えた末のアピールポイントがサクマ式ドロップス。たぶん、その話をするしかなかったんでしょうね。今でも、その時に通った道を歩くと坂元さんに初めてお会いした日のことを思い出します。

――『太陽と海の教室』の企画は、その時にお話しされたんですか？

村瀬：僕はフジに移ったら絶対に坂元さんとやりたいとずっと思っていて。何も決まっていないけどとにかく坂元さんに会いに行ったという感じでした。その時点での具体的なものは、織田裕二さん主演ということだけだったと思います。

坂元：学園ものっていう方向性が見えてきたのはだいぶ後になってからです。打ち合わせを進めている最中、「織田さんが教師役を引き受けるかな、どうだろうな」という気持ちも僕の中にあって。というのは、教師役みたいなジャンルものって役者さんによっては避ける人もいるんですよ。それに、村瀬さんが作ってきたポスター案が……（笑）。

——太陽と海をバックに、水平線から織田さんの巨大な顔が浮上している、これですね。

坂元：変なポスターでしょ。村瀬さんから見せてもらったのは、役者さんじゃなくてモデルさんで作った案の段階だったけど、僕は「面白いけど、織田さんが受けるわけないよ」って言ったんです。それでも村瀬さんは、織田さんの教師役もポスターも実現させてしまった。びっくりしました。

村瀬：色々実現できたのは、織田さんに面白がって乗っていただけたのが大きいですよ。坂元さんは、ああいうポスター、嫌じゃなかったですか？　後の〝坂元ワールド〟とはだいぶ違う路線だし。

坂元：嫌じゃないですよ。むしろ、すごい面白いと思いましたから。

『太陽と海の教室』の打ち上げでわんわん泣いた

村瀬：坂元さんの作品の中でも、２００７年の春ドラマ『わたしたちの教科書』が僕は大好きだったんです。『太陽と海の教室』の最初の打ち合わせでは『わたしたちの教科書』みたいなドラマをやりたいってお話ししたんですよね。

――『わたしたちの教科書』はいわゆる社会派ドラマに分類されるような、どっしりとした見応えの名作ですね。学校が舞台という共通点はありますが『太陽と海の教室』とは同じ学園ものでも印象が異なります。

坂元：『わたしたちの教科書』はかなり真面目に、しかも自分が書きたいものを書いたドラマです。その反動のようなものだと思うんですけど、『太陽と海の教室』をやっている時は「もっとポップで明るいものを書かないと」という気持ちが過剰にあったんですよね。

村瀬：以前、坂元さんは『太陽と海の教室』について「村瀬さんは『わたしたちの教科書』をやりたがっていたけど、僕は『ごくせん』をやろうとしていた」みたいなお話もされてましたよね。

坂元：その後も、僕の中で「村瀬さんは真剣に『わたしたちの教科書』みたいなものをやりたいって言ってくれてたんだよなぁ……」っていう思いを引きずっていた気がします。それが『いつかこの恋を思い出してきっと泣いてしまう』に繋がった。

村瀬：僕は僕で『太陽と海の教室』の打ち上げの時にわんわん泣いたんですよ。せっかく坂元さんとご一緒した作品なのに、色々な面で思うようにできなかった部分もあって、悔しかった。

坂元：仕事をしていると〝思い残し〟ってどうしてもありますからね。『太陽と海の教室』の僕の〝思い残し〟は、村瀬さんがやりたいものと違うものを書いたことなんです。だから『いつ恋』では、全力でアクセルを踏もうと思った。
村瀬：いやぁ……嬉しいです。
坂元：〝思い残し〟って悔やみ続けるよりも、もう一回その相手と仕事をすることが大事ですから。

「村瀬さんからのオファーなら断らない」

村瀬：実は、坂元さんとは『太陽と海の教室』と『いつ恋』の間に『春のまぼろし』っていう短編のネットドラマを一緒にやってるんですよね。犬と人間のラブストーリー。志田未来さんが擬人化した犬を演じるっていう。
坂元：ああ、あったね。
村瀬：その頃の僕って、本気で会社辞めようかなって思い詰めるくらい、落ち込んでたんです。そういう時期に坂元さんとごはんを食べる機会があって、愚痴を聞いてもらって。
坂元：そうだよね。その頃の村瀬さん、めちゃめちゃ落ち込んでたよね。
村瀬：そのすぐ後にネットドラマの話をしたら、坂元さんが「やる」って言ってくださったんです。「村瀬さんからのオファーなら絶対断らないですよ」って。今でも覚えてます。このネットドラマ、今となってはなかなか観ることができないとは思うんだけど、チャンスがあったらみんなに観てほしい。

――「村瀬さんからのオファーなら断らない」っていう気持ちは、村瀬さんの何がそう思わせるんでしょう？

坂元：村瀬さんは本当に一生懸命。とにかく一生懸命なんです。当たり前の話に聞こえるかもしれないけど、一生懸命な人は意外といないんです。それに、振り返ってみると村瀬さんとの仕事はいつも楽しい。波長のようなものがどこか合うところがあるんだと思うんですよね。あの時、村瀬さんのオファーをなぜ受けたのか。明確な理由っていうのは難しいんだけど……色々うまくいかなくて落ち込んでいる村瀬さんを見て、たぶん「俺だったら村瀬さんの良さを引き出せるかな」って思ったんじゃないかな。ごめんね。プロデューサーにこんなこと言うのは失礼なんだけど（笑）。でも、村瀬さんはそういうふうに思わせてくれるプロデューサーなんだと思う。お互いの良さを引き出せる存在ですよね。

村瀬：坂元さんにそんなふうに言ってもらえたら、これ以上の幸せはないです！

村瀬さんとやるとちょっと優しい自分になれる

村瀬：これは僕の見方なので、違っていたら訂正していただきたいんですけど。ドラマのプロデューサーってその人ごとに色が違うと思うんです。村瀬には村瀬の色があるし、ほかのプロデューサーにもその人の色がある。そういうプロデューサーたちと坂元さんが仕事をしていく中で、僕とやる時の坂元さん、誰々とやる時の坂元さん、みたいに、坂元さんの色もその時々で変わっているような気がして。

坂元：それはその通りだと思います。プロデューサーと話しながら「この人が面白いと思うものを書きたい」と思って書くから。プロデューサーによって書くものが変わるのは当然だと思ってます。

――坂元さんから見て、村瀬さんの色は？

坂元：村瀬さんとやると、ちょっと優しい自分になれるというか。村瀬さんは『ＢＯＳＳ』とか『信長協奏曲』とか、コンセプトのはっきりした企画性の強いものをやって、ヒット作もたくさんある。でも、僕が思っている村瀬さんは、そことはちょっと違うと思っていて。ヒット作はたくさんあるけど、マーケティングで時流に乗って、みたいな人ではない。村瀬さんのそういう部分とお仕事ができたらなっていう気持ちがあったから、『いつ恋』にも繋がったんだと思います。

村瀬：『いつ恋』は僕以外にもプロデューサーの候補が何人かいたんです。でも、僕じゃないプロデューサーが坂元さんとやっていたら、同じキャストでも『いつ恋』とはまったく違うものになっていたんじゃないかな、と思います。

『いつ恋』の第1話は村瀬さんの体験がベース

村瀬：いつも坂元さんとご一緒する時は、雑談というか、坂元さんの仕事場とか飲み屋とかで喋りながら企画が生まれていくんです。『いつ恋』の時は、坂元さんは大阪、僕は名古屋、二人とも東京に出てきたっていう経験があって、地方出身者の話にしようって盛り上がっていったんですよね。

坂元：第1話で練（高良健吾）が音（有村架純）に手紙を届けに行く話、あれは村瀬さんの経験が元になってます。

——え、初めて聞きました！

坂元：雑談中に村瀬さんが、亡くなったお父さんが遺した手紙を東京で泥棒に入られて盗まれちゃった、っていう話をしてくれたんです。で、それを聞いた僕は、盗まれた手紙を届けに行く人の話を書こうと思って、それが『いつ恋』の第1話になった。

村瀬：笑い話のつもりで坂元さんにその話をしたんですよ。そうしたら坂元さんが「村瀬さん、なんでドラマにしないんですか？　これ、すごい話じゃないですか」って。まさか『いつ恋』の第1話みたいないい話になるとは。

坂元：村瀬さんからご家族の話をいくつも聞いていたんですよ。亡くなったお父さんの話だけじゃなくてお母さんの話も。そういう想いが乗っかってるから、僕にはすごく響いたんだと思います。村瀬さんの経験をベースにしているっていう意味では『いつ恋』で有村さんが演じた音っていう役には、村瀬さんが入ってるんですよね。

村瀬：みんなに怒られちゃいますよ！　音ちゃんが濁るって（笑）。

坂元：村瀬さんとの雑談では、本当に色んな話を聞いてるから。大学の奨学金をちゃんと返してきた話とか。

村瀬：僕の経験とか家族の話なんて、坂元さんからしたら「知らんがな」っていう内容なんですよ、本当のところ。9割は「知らんがな」だとしても、残りの1割だけでも刺さると坂元さんはものすごい跳躍力でそれを素晴らしい物語にしてくれる。

坂元：ラブストーリーや人間ドラマは、やっぱり自分の話をせざるを得ないんですよ。

詐欺師じゃなくてただのうっかり者

——村瀬さんは「作品愛がなかったらこの人、詐欺師です」と冗談交じりに言われたりもするそうなんですが、坂元さんは村瀬さんにどんな印象をお持ちですか？

坂元：村瀬さんは、うっかりしてるんだと思います。戦略的にそうしてる人だとはあんまり思わないですね。

村瀬：戦略的ではないですね。確かに、うっかりしてるかも（笑）。やれると思って風呂敷を広げたのに、結果できなかったっていう。

坂元：騙そうとかそういうつもりがない、ただのうっかり者。

村瀬：風呂敷を広げた以上、僕なりに努力するんですけど、うまくいかない時もある。つまずいてる状況も含めて、僕はぶっちゃけて話すタイプだと思うんですよ。「ここがうまくいってないです」とか。そういうぶっちゃけ話、坂元さんは聞きたくなかったりします？

坂元：村瀬さんはかなり色々話すよね。僕の耳が痛くなるのは「役者が文句言ってる」みたいなことなんだけど、それは村瀬さんから聞いたことがないですね。「誰々が文句言ってるから配慮してほしい」と話すプロデューサーはいますし、それを自分の作戦として使う人もいる。役者さんは僕にとって生命線だから、それ言われると、違うと思っても従うしかなくなるし、すごくへこむ。でも、それを村瀬さんから言われたことはない。

村瀬：この本のタイトル案の一つに「ぶっちゃけ仕事術」ってのがあったくらい、僕はぶっちゃけちゃうんですよ。それは戦略でも何でもなくて、秘密にしてる感じが嫌で。

坂元：少なくともドラマ作りでは、隠し事とか嘘はバレると思いますよ。隠されていることはすでに知っていることだったりもするし。

『silent』が成し遂げた視聴率や賞よりも大切なこと

——村瀬さんがプロデュースした『silent』について、坂元さんはどんなふうにご覧になっていましたか？

坂元：羨ましさみたいなものを感じました。街に出ると、立ち寄ったお店や電車の中で『silent』の話を何度も耳にしました。本当になんでもない場所で、誰も彼も関係なく、色んな人たちがドラマの話をしていた。そういう光景を見て『silent』はすごい、羨ましいと思いました。羨ましいと言っても嫉妬心みたいなものじゃなくて、ドラマを作る仲間としての喜び、の方が近いですね。

村瀬：『silent』がヒットして、坂元さんに「やったね！」って声をかけていただいたんですよ。めちゃくちゃ嬉しかった。

坂元：『ROOKIES』が放送されていた頃、定食屋さんでごはんを食べた時があって。店内のテレビでドラマが始まると、店内にいたお客さん全員が食べるのを止めて『ROOKIES』を観ていたんです。箸を置いて、ずっと画面を見つめている。やっぱり、僕らの目指すところってこれだと思うんです。『ｓｉｌｅｎｔ』はそれを成し遂げたんだと思う。視聴率や賞よりも、電車の車内でドラマのタイトルが聞こえてくることの方が嬉しい。羨ましいって言いましたけど、ありがとう、おめでとう、そういう気持ちでした。

坂元裕二×村瀬健　今後の作品は……

――今後また、坂元さん脚本、村瀬さんプロデュースの作品を観てみたいのですが、ご予定などは……？

村瀬：僕はもうずっと「ご一緒させてください！」って言い続けていて、僕なりに「こういうのはどうでしょう」っていうお話もしてます。でも、坂元さんが本当にお忙しいんですよ。リアルに2030年ぐらいまで埋まってますもんね。坂元さん的にはどうでしょう？　僕とまた一緒に！　ぜひ！

坂元：……うーん……友だちでいいんじゃない？

一同：（爆笑）

第5章

人を巻き込むために

心を動かす

自分の心が動く時、
相手の心も動かしたい

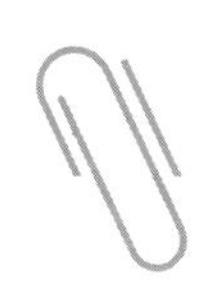

『silent』の会議で伝えた〝想い〟

僕より優秀な人がいても、僕はすべてに噛んでいく

僕が選ばないものの一つに「企画・プロデュース」という肩書きがあります。僕は絶対に「企画・プロデュース」とは名乗らない。なぜなら、**僕にとって「企画」という仕事は「プロデュース」の中に含まれているから。**プロデューサーの仕事は企画を立てることから始まる。だから、そんなことはわざわざ言う必要のないことだと思っています。だから僕は**「プロデュース　村瀬健」**で十分です。

これは冗談だけど「企画・プロデュース」という肩書きがありなら、僕は「企画・プロデュース・脚本・音楽・演出・編集・広報・宣伝・SNS・その他もろもろ 村瀬健」になっちゃう。だって、作品のすべてに口出ししているわけだから。ドラマ作りはチームプレーではありますが、僕はチームのみんなに頼りつつ、どうしても全部に関わろうとしてしまいます。**僕よりも才能のある人たちが集まっているのは分かっているんですが、それでも僕はすべてに嚙んでいく。**それはやっぱり**僕は僕自身の〝想い〟が止められないから**です。〝想い〟が乗っているから、どうしても動きたくなってしまう。

一人の特別な力が引っ張るからこその面白さ

ドラマ作りはチームプレーですが、**ある一人の特別な力が奏功して作品を引っ張っている例も少なくありません。**

その特別な力は、脚本家であったり監督であったりプロデューサーであったり、あるいは役者さんであったり、様々です。いずれにしろ、**強力な一人が引っ張っている作品は、も**

のすごく強烈な印象の面白い作品になっていたりします。

例えば、堤幸彦さんが監督を務めた『ケイゾク』（1999年・TBS系）や『SPEC～警視庁公安部公安第五課 未詳事件特別対策係事件簿～』（2010年・TBS系）、そして『TRICK』シリーズ（2000～2003年・テレビ朝日系）とか。同じオフィスクレッシェンドの監督である大根仁さんの『モテキ』シリーズ（2010年・テレビ東京系）や『バクマン。』（2015年・東宝）などもそうですよね。大根さんは監督としてだけではなく、脚本家としても特色のある作品を作り続けていて、昔も今もずっとリスペクトしています。うちの演出家だと『HERO』シリーズ（2001～2014年・フジテレビ系）の鈴木雅之監督、『ガリレオ』シリーズ（2007～2013年・フジテレビ系）の西谷弘監督、『教場』シリーズ（2020～2023年・フジテレビ系）の中江功監督、『ミステリと言う勿れ』シリーズ（2022～2023年・フジテレビ系）の松山博昭監督。みんな自分の色をはっきりと感じさせる強烈な才能の持ち主です。**一瞬でその監督の作品だと感じさせる独自のカラーを持っており、常にその才能が作品を引っ張っている。**

強力な一人が牽引力となっている作品の強みは、**尖るべきところが尖ったままで作品を世に出せること**だと思います。合議制でみんなの意見を全部聞いて、というやり方だと、尖った部分がどんどん削れて丸くなってくる。洗練されたものにはなるんだろうけど、強烈なインパクトを残せるかというと、それは疑問です。

『silent』放送開始直前のオンライン会議

『silent』の放送がスタートする直前の2022年8月、僕はスタッフたちを招集してオンライン会議を開きました。この会議は、会社内の様々な部署の人たちに僕の〝想い〟を伝える場でした。**僕がどれほどの〝想い〟を込めて『silent』という作品と向き合っているか。この作品への愛。僕が命を懸けていること。絶対に当たると本当に思っていること。その〝想い〟を、一生懸命伝えました。**オンライン会議の画面の向こうにいる全員に**「ぜひ一緒にこの船に乗ってほしい」**と。

「食らいつきます！」

同じ時期、『ｓｉｌｅｎｔ』の広報チームとの最初の顔合わせで、僕はこんなことを伝えました。「先に言っときますけど、僕はめちゃくちゃ面倒くさいです。あなたたちが一緒に仕事をしたプロデューサーの中で一番大変だと思う。その代わり、**僕の〝想い〟は圧倒的に強いし、僕は絶対にいいかげんなことは言わない。**ついてきてくれたら僕は絶対に結果を出す。面白いドラマにするから、食らいついてきてくれるんだったら一緒にやろう。そして、すごく失礼な言い方だけど、**当てるつもりがないんだったら、この時点でやめてほしい**」と言ったんです。とにかく僕は、面倒くさい男なんです。でも、これは僕の本心でした。適当な気持ちで仕事をするつもりなら、本当に降りてほしかった。その場合は「村瀬さん感じ悪いから嫌です」って上司に言っていいよ、と。そんなこと言ったら逆にやめにくいですよね（笑）。

その後、**「食らいつきます！」**と言ってきてくれた若い広報スタッフが同じ船に乗ってくれることになりました。彼らは見事に『ｓｉｌｅｎｔ』を大成功に導いてくれて、今や

「チーム村瀬」に欠かせない存在となり『いちばんすきな花』も担当してくれています。

「一緒に仕事をしたい人」の3つの条件

プロデューサーである僕は、自分の下につくアシスタントプロデューサーを選ぶ時に3つの条件を満たしているかどうかを判断基準にしています。その条件とは**「頑張る」「一緒にいて楽しい」「才能がある」**という3つです。3つとも満たしている人がいたら最高ですが、そんな人はなかなか見つかりません。

「頑張る」人を求める理由は、当たり前ですけど、一生懸命頑張ってくれたら手の回らない部分を助けてもらえるし、僕が助かる。それから、頑張っている姿は周りの人を幸せにするから、チームにいい影響をもたらしてくれます。

「一緒にいて楽しい」人は、ドラマの制作環境が大きく影響しています。連続ドラマというのは、スタッフ、キャストみんなが本当に長い時間を一緒に過ごすことになります。三ヶ月とか四ヶ月の間、ほぼ毎日のように顔を突き合わせることになるから、一緒にいて不快になる人は正直、難しいんです。できる限り**一緒にいて気持ちがいい人と仕事をしたい**と思います。もちろん、僕自身もできる限り他の人からそう思われるように意識しています。

3つ目の**「才能がある」**人は、間違いなくチームの力になります。部下が僕よりも面白いアイデアを言ってくれたり、僕には思いつかない宣伝方法を思いついてくれたりすると、これほどありがたいことはありません。**いい意見はすべて受け入れて自分たちのものにする僕ですから、僕より面白いことを言ってくれる人は大歓迎です。**もっとも、こういう人はすぐにプロデューサーとして独り立ちしていくので、アシスタントでいる時間はたいがい短いんですけどね（笑）。

アシスタントプロデューサーの条件として紹介しましたが、これは僕が**「一緒に仕事をしたい人」**の条件とも言えます。さっきも書いた通り、この3つをすべて兼ね備えている人材はレアです。だから、3つのうちのどれか一つでもあれば、僕は自分のチームの仲間として、一緒にやりたくなります。

第5章

人を巻き込むために　心を動かす

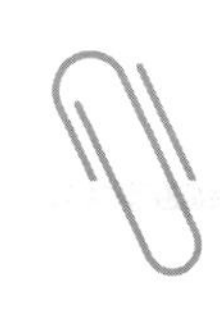

チームで動く仕事の真髄

「責任を取るのが好き」と言えるようになったわけ

僕は**責任を取るのが好き**です。プロデューサーという職業柄、すべての最終判断をする立場にあるのはもちろん、「チーム村瀬」の誰かが失敗をしてしまった場合、僕は喜んで責任を取ります。それは、**僕が好きで一緒に仕事をしているチームだから**です。

しかし、昔からずっとこういう性格だったわけではありません。プロデューサーになりたての頃は、とにかく周りの人の意見を全部聞かねばと思った結果、いったい何をやりたいのか分からない魅力に欠けた作品を作ってしまった経験もあります。
そんな僕が**「責任を取るのが好き」**と言えるようになったのは、ある人の言葉を聞いてからでした。

「成功したらみんなのおかげ、失敗したら自分の責任」

これは、脚本家・遊川和彦さんの言葉です。遊川さんが初めて脚本家としてではなく企画者として参加した『平成夫婦茶碗』（２０００年・日本テレビ系）の顔合わせでスタッフに向かって言ったのがこの言葉でした。

アシスタントプロデューサーだった僕は、これを聞いてハッとしました。**チームの責任者に必要なのはこの精神だと気づき愕然としたのです。**いつか僕がプロデューサーになれたなら、成功を自分の手柄にしたり失敗を誰かのせいにしたりすることなく、**自分の船に乗った全員の後ろで旗を振り続ける存在になるんだと心に決めました。**

そこからは、自分たちの作品が当たった時、みんなが**「あれ、俺がやった」**と自慢できるようなチームを目指して、毎日頑張っています。

「今回の作品をあなたの代表作にしたい」という決め台詞

「チーム村瀬」の船を漕ぎだす時、必ず伝えている言葉があります。それは**「今回の作品をあなたの代表作にしたい」**という僕の〝想い〟です。

『ｓｉｌｅｎｔ』の時も同じでした。出てくれる役者さんはもちろん、脚本家、監督、照明、美術、技術など、**この作品に関わるすべての人が、後々「どんな作品に関わってきたのですか？」と聞かれた時に「『ｓｉｌｅｎｔ』です」と答えたくなるような、全員にとっての代表作にしたい**と伝えていました。その〝想い〟が実現できたんじゃないかなと感じています。

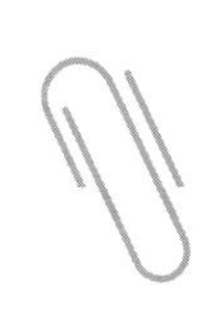

毎日が学園祭前日

働くのが楽しくて仕方がない

僕は究極のワーカホリックです。映像業界で働き始めて25年以上が経っていますが、いまだに仕事が楽しくて仕方がありません。それはおそらく、**自分の〝想い〟を軸に働けているから**かなと思っています。

仕事というのは一般的には辛い、大変なことだと感じる人の方が多いかもしれません。

僕も働いていて「大変だ」と感じるタイミングは山のようにあります。ドラマや映画を一作品完成させるまでにどれだけ大変なことがあったか、数えきれないほどです。**それでも楽しくて楽しくて仕方がないのは、自分の〝想い〟を仲間と共有し、一緒に高みを目指せているから。**いわば**毎日が学園祭前日**のような状態なんです。

若気の至りでできたことはずっとできる

僕は2023年で50歳になりますが、いまだに自分のことを「若手」だと思っています。まだまだやりたいことがあり、まだ出会えていない才能がいる。働き始めた23歳の僕が、**若気の至りで起こせた行動、それは今だってできる、どころか、今の方がもっとできる**と信じています。これからも、**「チーム村瀬」の代表作を塗り替えていく**つもりです。

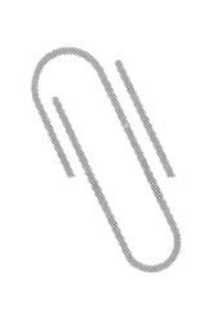

仕事術よりも大切な〝想い〟

結局は〝想い〟の強いやつが勝つ

この本は、プロデューサーとして仕事をしてきた僕が、僕なりの仕事術のようなものを紹介する体裁で書いてあります。しかし、**僕にとって本当に大切なものは小手先の仕事術ではありません。**

大切なのは、僕の中にある〝想い〟です。僕の〝想い〟を軸にして企画を立て、その〝想い〟を伝えて仲間を巻き込み、世の中の人々に〝想い〟を届けたい。僕はそういう気持ちでプロデューサーの仕事をしています。

プロデューサーとして必要なものはスキルでもテクニックでもなく、〝想い〟の強さであり、**結局は〝想い〟の強いやつが勝つ**と思っています。もちろん、自分の作品を一人でも多くの人に観てもらうために戦略的なことも考えていますが、大事なのはその根底にある〝想い〟だと思っています。もっと戦略的な話を期待していた人にはちょっと申し訳ないのですが……。

でも、だからこそ、僕のやり方は誰でも真似できるものです。僕自身、恥ずかしいくらいに根性なしの人間なので、根性なんて必要ありません。ただただ素直に「好き」という〝想い〟を持って、好きな相手にその〝想い〟をぶっちゃけるだけ。そこから始めてみたら、いつもの仕事風景が少しだけ変わって見えるようになるかもしれません。

おわりに

僕はなりたくてもなれなかった

自分一人では何もできない。常々そう思っています。

僕は「スヌーピー」が大好きです。スヌーピーというか、彼が出てくる『PEANUTS』が大好きです。あの絵が好きすぎるというのもあるのですが、子供たちが口にするセリフが大好きなんです。弱い者たちのことを優しくあたたかく見つめる作者のチャールズ・M・シュルツさんの「目線」が何よりも好きなんですよね。

そのシュルツさんが、何かのインタビューでこのようなことを言っていたのを読んだことがあります。

「僕は画家になるほど絵が上手くなかった。小説家になれるほど話を作るのが上手くなかった。だから漫画家になった」

シュルツさんと比べるのはおこがましいにも程がありますが、この言葉は僕の気持ちと重なると勝手に思っています。僕は脚本家になれるほどの文才がなくて、監督になれるほどの映像センスがない。だからプロデューサーをやってきたのかな、と感じるからです。子どもの頃の僕には漫画家になりたいという夢があったのに漫画家にはなれず、高校生の僕はバンドでプロになりたかったのにそれも叶わず、脚本家にも映画監督にもなれなくて、テレビ局でプロデューサーとして働いている。それが僕です。

漫画でも映画でも音楽でも、あらゆるジャンルにおいて、僕よりも才能のある人がいる。なりたくてもなれなかった僕は、誰よりもそれを知っています。だから僕は、そういう才能のある人たちを集めて、僕がやりたいことを成し遂げようとしている。「僕がやりたいのはこれなんだ」と、僕の〝想い〟を彼らに伝えて、彼らを巻き込み、作品を作っているのです。幸せなことに、僕より才能のある人、僕に足りないものを持っている人、そういう仲間がたくさん僕の周りにいてくれています。

〝想い〟をやりとりする無限ループの中で

自分の中にある〝想い〟は自分の原動力になっています。僕の中に最初に芽生える〝想い〟は小さなさざ波のようなものです。世の中に対するちょっとした疑問や違和感、あるいは優しい気持ちや喜び。その小さなさざ波が僕を動かしていくのです。

僕の〝想い〟は僕の原動力であると同時に、誰かの原動力になっているはずだ、とも思います。そもそも、僕の中の〝想い〟は、元を辿れば世の中の人たちが感じているであろう〝想い〟にほかなりません。そういう、みんなの〝想い〟を同じ目線で感じ取って僕の心が動き出すのです。世の中を漂う人々の〝想い〟が僕の原動力となっているのなら、僕の〝想い〟が世の中の人々を動かすことにもなる。そんなふうに〝想い〟をもらったり、そして誰かにあげたりする〝想い〟の無限ループの中で、僕は世の中のすべての人と繋がっています。

僕が〝想い〟を伝えるたびに、誰かを巻き込み、巻き込んだ人たちの心を動かしていく。それは大海の波間に生まれた渦のようなものかもしれません。最初は小さな渦が、周囲を巻き込みながら、より大きなうねりへと育っていきます。

僕はドラマを作る時「一人でも多くの人に観てほしい。」この〝想い〟が届いてほしい」と思っています。この本も、一人でも多くの人に届いてほしい。本の中で綴った僕の〝想い〟が、今という時代を一生懸命に生きているすべての人たちにとっての何かの力になるのなら、これほど嬉しいことはありません。

この本が、すべての人にとっての、ほんの少しの勇気になればと願いつつ……。

フジテレビ・プロデューサー　村瀬健

巻き込む力がヒットを作る
“想い”で動かす仕事術

2023年12月4日　初版発行

著者　村瀬 健
発行者　山下 直久
発行　株式会社KADOKAWA
〒102-8177 東京都千代田区富士見2-13-3
電話 0570-002-301(ナビダイヤル)

印刷所　大日本印刷株式会社
製本所　大日本印刷株式会社

●お問い合わせ
https://www.kadokawa.co.jp/(「お問い合わせ」へお進みください)
※内容によっては、お答えできない場合があります。
※サポートは日本国内のみとさせていただきます。※Japanese text only

定価はカバーに表示してあります。

ISBN 978-4-04-606421-9　C0030